看漫画就能学

建筑小学堂

师劭航 著

科学普及出版社
·北 京·

图书在版编目（CIP）数据

建筑小学堂/师劭航著．—北京：科学普及出版社，2018.1（2019.3重印）
（看漫画就能学）
ISBN 978-7-110-09682-6

Ⅰ.①建… Ⅱ.①师… Ⅲ.①建筑学－青少年读物 Ⅳ.①TU-49

中国版本图书馆CIP数据核字（2017）第274448号

策划编辑　王晓义
责任编辑　方朋飞　张敬一
责任校对　焦　宁
责任印制　徐　飞

出　　版　科学普及出版社
发　　行　中国科学技术出版社发行部
地　　址　北京市海淀区中关村南大街16号
邮　　编　100081
发行电话　010-62173865
传　　真　010-62179148
投稿电话　010-63581202
网　　址　http://www.cspbooks.com.cn

开　　本　787mm×1092mm　1/12
字　　数　80千字
印　　张　5
印　　数　3001—6000册
版　　次　2018年1月第1版
印　　次　2019年3月第2次印刷
印　　刷　北京盛通印刷股份有限公司

书　　号　ISBN 978-7-110-09682-6 / TU·49
定　　价　38.00元

序

建筑与我们的生活息息相关。它不仅为我们提供了居住与学习、工作、娱乐的场所，还通过其形象与空间塑造和影响着城市文化。我们也通过体验与感知和建筑互动，与建筑师隔空对话。看似简单的“外壳”下面有着如人体般精密的尺寸设计与设备系统，为人们提供宜人的内部空间和系统服务。但这一座座形象各异、犹如机器般运转的建筑又是如何设计出来的？建筑师又是如何工作的呢？带着这些问题，让我们一起走进建筑小学堂，借助简单的工具、数字、色彩、图形与线条，解析建筑的构成，并通过中国古典建筑、现代超高层建筑看一看这些简单、初步的工具与方法如何运用其中。

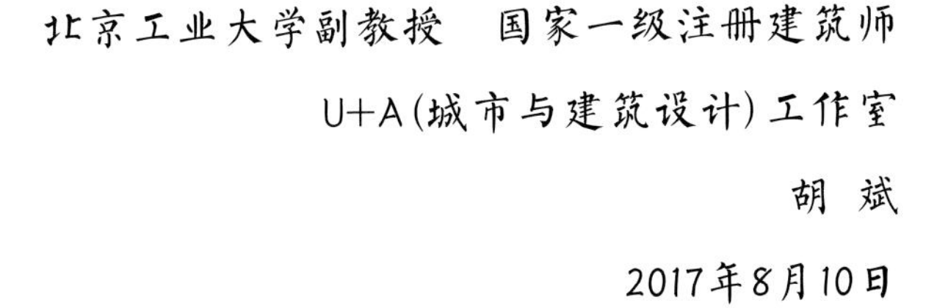

北京工业大学副教授　国家一级注册建筑师

U+A（城市与建筑设计）工作室

胡　斌

2017年8月10日

人物介绍

让我们来认识一下建筑小学堂里的小伙伴吧！

婷宝，分子小学六年级学生，是个细心、好学的女孩子，喜欢画画、读书。

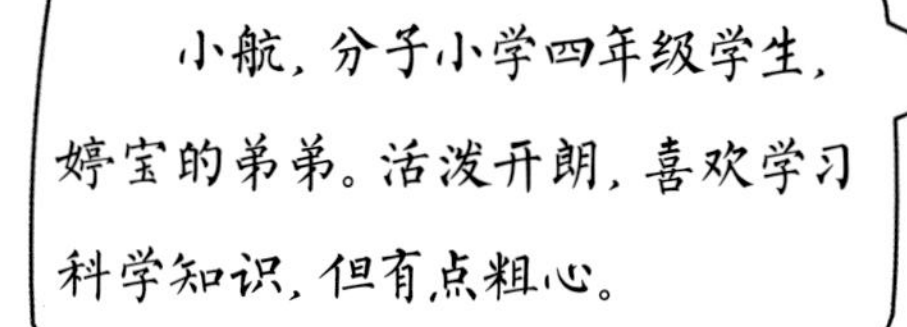

杨老师，分子小学的一名科学课老师，对自然科学非常了解，平易近人，热爱学生。

胡老师，国家一级注册建筑师，主持分子小学的教学楼改建项目，给婷宝和小航讲解专业的建筑知识。

目录

序

建筑学漫谈 1

建筑师的工具与技能 8

从数学看建筑 18

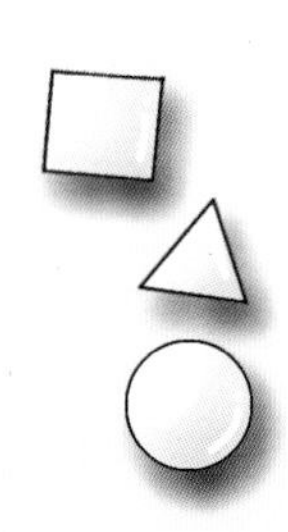

中国古建筑 34

漫游世界超高建筑 46

致谢 53

建筑学漫谈

建筑学是一门怎样的学科呢？相信很多小读者在看到本书的题目时都有这样的疑问。小读者可能也想问，建筑师又是怎样一种职业呢？

从广义角度来看，建筑学是研究建筑及其环境的学科。对于建筑师而言，建筑学是一门横跨工程技术和人文艺术的学科，这也对建筑师提出了较高的要求：既要对科学技术有严谨的思考方式，又要对艺术创意有着敏锐的观察能力和独到的见解。

一个优秀的建筑师，要有格物致知的学习和研究精神，要具备速写、构思草图等手绘技能，要掌握科学知识，更要有艺术眼光。

在本册绘本中，我们将对建筑师常用的工具及必备的技能进行介绍，除此之外，还会为大家带来建筑数学和中国古建筑的一些小知识。在本书的最后一章，我们还会为大家介绍世界超高建筑，相信小高楼迷们一定会得到小小的满足。

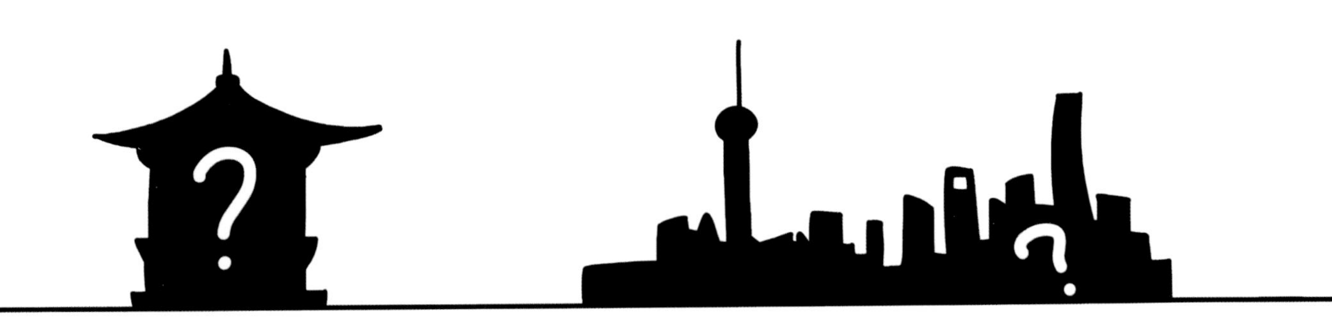

认识并掌握了建筑师的常用工具，就能体会建筑师的日常工作了。不同的工具有着不同的用处，如何正确使用极为关键；建筑与数学密不可分，对几何图形有深刻的理解是描绘建筑形态的基础；中国古建筑有着悠久的历史，它们不仅见证了历史，而且具有极高的艺术性；超高建筑的日益增多和超高建筑的纪录不断被刷新，是科技进步的体现，它们在丰富了城市轮廓线的同时，也节省了城市建设投资成本……

当然了，世界上的著名建筑也不一定是超高建筑。有那么多的名建筑，本书很难一一介绍，希望小读者能在阅读本书后，掌握建筑学的一些基本学习方法，学会从建筑师的角度去看待生活中的建筑。这样你的建筑学知识一定会越来越丰富。

如果你想在长大以后成为一名优秀的建筑师，那么阅读这本书一定不会让你失望！

分子小学建校已经五十周年。今年暑假，学校决定重新改建一座教学楼。暑假开始之前，校长在升旗仪式上说——

校长还在他的办公室门口设置了校长信箱，专门接收同学们的教学楼改造方案！

小航和婷宝听到这个消息之后，高兴极了！

不过，热爱思考的小航有了新的困惑，建筑方案是什么呢？我们应该如何制作呢？

细心的婷宝脑子一转，提出了解决方案："我们去找杨老师吧！他一定知道我们该怎么做。"

杨老师听了小航和婷宝的想法很开心："我愿意帮助你们完成这件事，不过在此之前，我们最好去咨询一下这方面的专家，我带你们去找建筑师胡老师吧！"

杨老师带着婷宝和小航来到了胡老师的工作室——

“你们真是勤学好问的小朋友啊！”胡老师笑着说，“那你们知道一座建筑的落成，需要哪些步骤吗？”

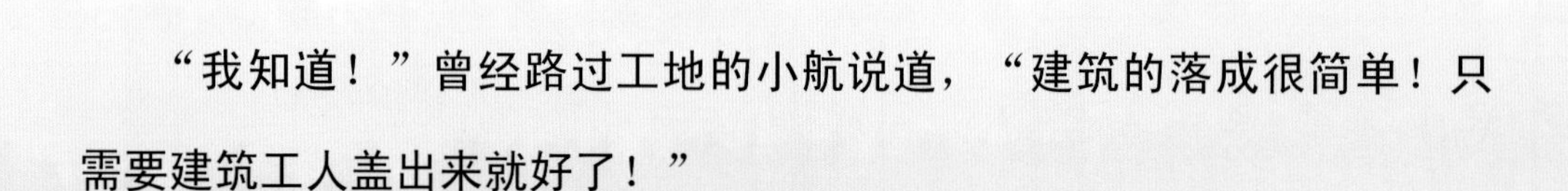

“我知道！”曾经路过工地的小航说道，“建筑的落成很简单！只需要建筑工人盖出来就好了！”

“没有那么简单吧……建筑工人如何保证施工的准确性呢？”婷宝表示怀疑。

小航的话描述的是建筑落成很关键的一步——施工建造，但是在这之前，建筑师们还要经过很多步骤：实地勘测，方案设计，方案审核……

婷宝的话描述的是建筑图纸的重要性，建造者根据严谨的图纸，才能把建筑盖得整齐又漂亮。

一座建筑的完成，远远没有想象的那么简单！

“你们说的都有些道理！”胡老师笑着说。

“如果你们对建筑学这门学科有了更多的了解，参与咱们分子小学教学楼的改建就不难了！让我们一起到建筑小学堂里去看一看、转一转，你们一定会有很大收获的！”

让我们跟着胡老师和杨老师一起走进建筑小学堂吧！

建筑师的工具与技能

一座建筑的落成，从想法生成到施工完毕，建筑师可以说是最费心费力的了！俗话说：“工欲善其事，必先利其器。”好的工具是完成建筑设计方案的重要前提。让我们走入建筑小学堂，先了解一下建筑师的常用工具吧！

这些工具之中，哪些是你熟悉的工具？哪些是你没见过的工具？来和我们聊聊吧！

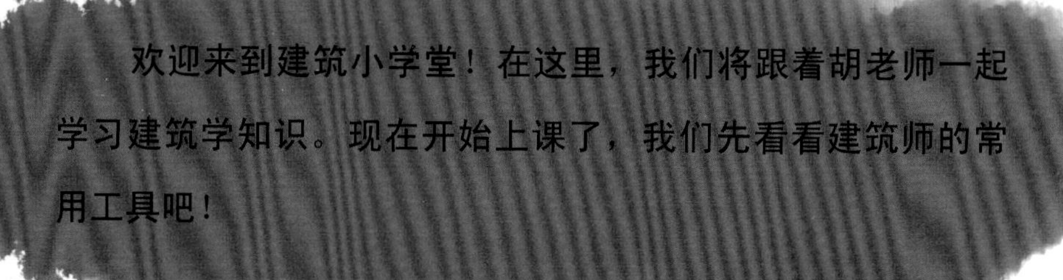

欢迎来到建筑小学堂！在这里，我们将跟着胡老师一起学习建筑学知识。现在开始上课了，我们先看看建筑师的常用工具吧！

图纸与画笔

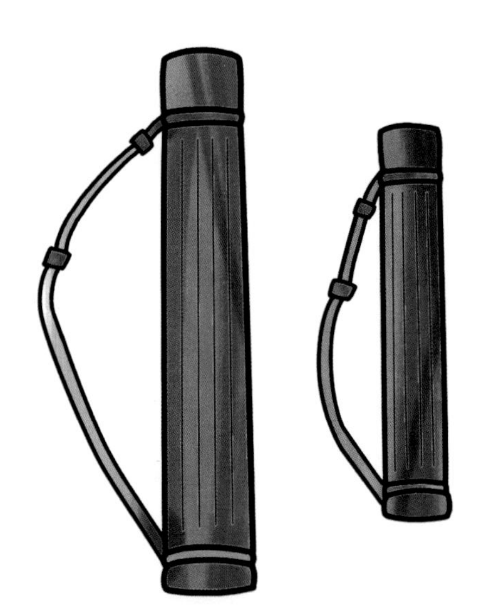

图筒是建筑师用来存放或携带图纸的工具，为了保证图纸不被折叠，建筑师们常将图纸卷起来，再放进图筒。这样一来，还能起到一定的防水防污作用！为了适应不同尺寸的图纸，不仅有各种尺寸的图筒，而且大部分图筒还能伸缩呢！

一般的图筒都设有背带！这样一来，图筒就更方便使用者携带了！

草图纸是建筑师在建筑设计前期，用于记录灵感或者表达建筑设计想法的图纸，多为半透明的纸，值得一提的是，草图纸不只有白色的，还有黄色的、蓝色的……

草图纸的种类非常多，硫酸纸就是常用的一种！硫酸纸具有很多优点，如颜色纯净、强度较高、透明性好等。

绘图纸是建筑师用来表达建筑信息的图纸，绘图纸上所画的内容可是相当严谨的！一般包括总平面图、平面图、立面图、剖面图、节点大样图、分析图、效果图等。有了建筑图纸，建筑师及其工作团队就能根据上面的信息建造房屋了！

纸胶带是一种黏性不强的胶带，特点是撕下后不会留下痕迹，因此能起到固定并保护图纸的作用。将图纸固定在图板上，将图纸临时性地粘在墙上……都少不了纸胶带！

铅笔是建筑师在设计前期使用较多的一种画笔，配合橡皮，建筑师可以在短时间内绘制、修改、完善设计草图。

铅笔的种类有很多！H代表硬度，是英文单词Hardness的缩写，如2H、3H、4H等，数字越大，铅笔越硬；B代表黑度，是英文单词Black的缩写，如2B、3B、4B等，数字越大，铅笔越黑。

钢笔和速写本是建筑师用来写生、图解想法的重要工具。如果你想成为一名建筑师，不妨从写生开始吧！

各种颜色的水彩颜料是不是看起来很有趣？水彩画笔配合水彩颜料就可以让建筑图纸充满色彩了，因此，水彩画笔是建筑师绘制建筑效果图的好帮手！

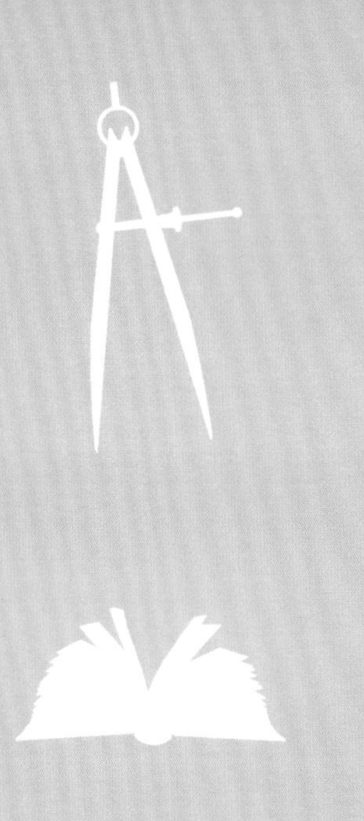

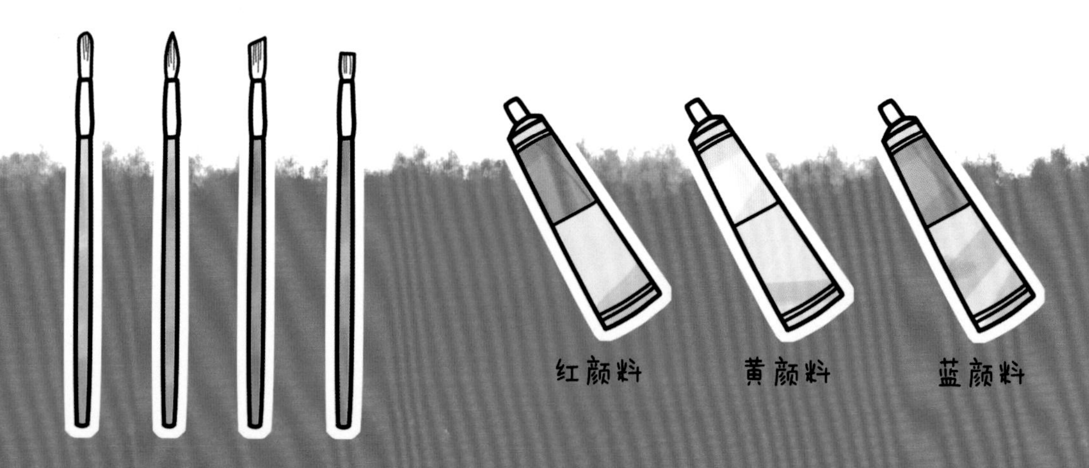

混合颜料的方法有很多种，甚至不同颜料的比例不同，也能调出不一样的颜色！

色彩中常说的三原色就是红、黄、蓝！那小读者知不知道什么是三间色呢？不知道也没关系，把上述任意两种颜色混合在一起，看看有哪些发现？

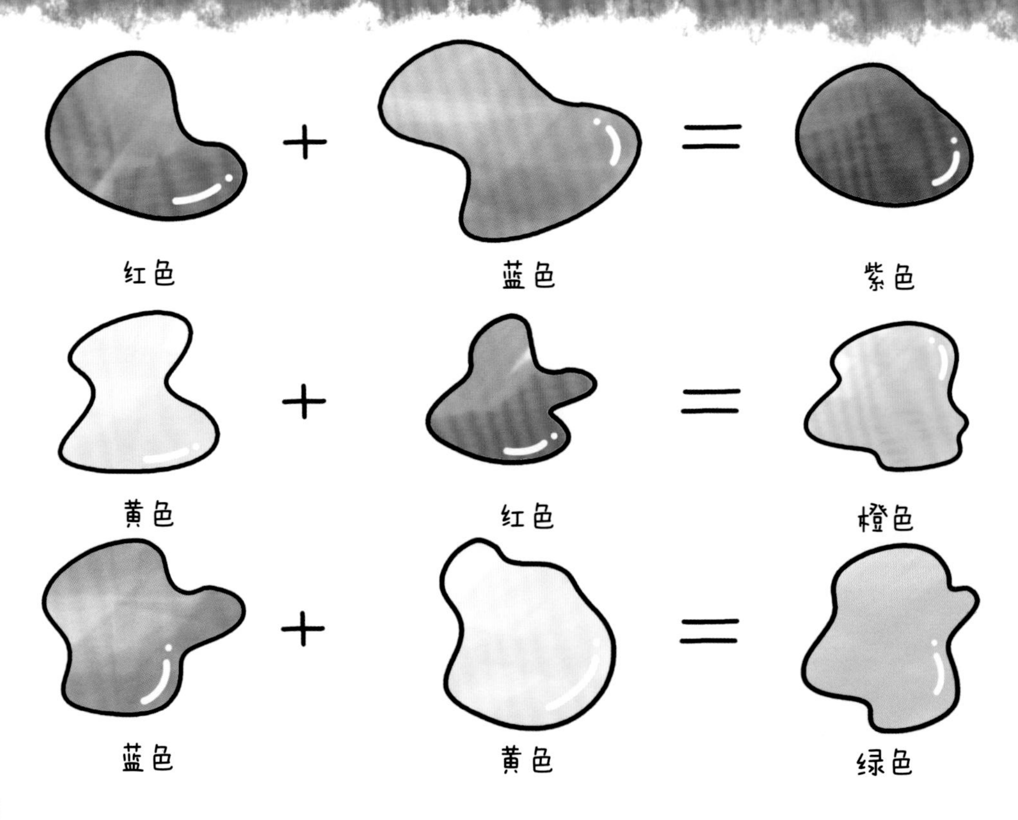

从右边这张图中可以看得很清楚，黄色加上蓝色会变成绿色，红色加上黄色会变成橙色，红色加上蓝色会变成紫色。我们常把绿色、橙色和紫色称为三间色。

除此之外，红色和绿色、黄色和紫色、蓝色和橙色互为补色。

小思考：如果将一种颜色和它的补色混合起来，我们会得到怎样的颜色呢？小读者赶快动手试试吧！

我们将一种颜色和它的补色混合起来，会得到灰色！这种颜料的混合方法，会让颜色的饱和度降低。

颜料盒

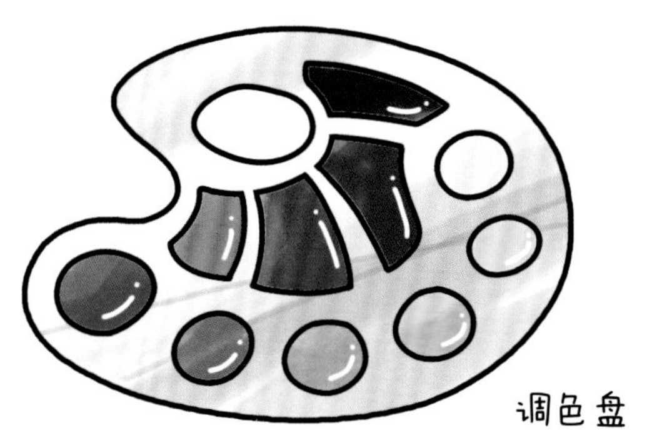

调色盘

既然提到了颜料，就肯定要知道什么是颜料盒和调色盘了！

喜欢绘画的小读者应该都知道，颜料盒常被用来储存绘画颜料，而调色盘（或调色盒）是建筑师绘制效果图时用于调和颜料的工具。

小思考

不同大小的三角板，它们三个角的内角度数相等吗？

尺子与圆规

学习建筑学需要严谨的态度，对于手绘的建筑图纸，线条的整齐与规范是十分必要的！因此，我们常常借助各类尺子来画出我们需要的线条！

三角板是一种三角形的作图工具，一般有两种，一种是等腰直角三角形，它的三个内角度数分别为45°、45°、90°；另一种是含有30°角的直角三角形，它的三个内角度数分别为30°、60°、90°。

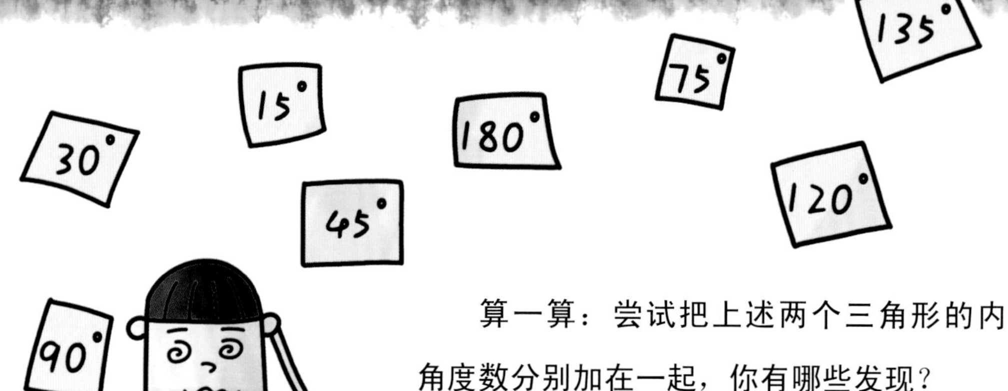

算一算：尝试把上述两个三角形的内角度数分别加在一起，你有哪些发现？

试一试：你能用上面说的两种三角板，画出除了30°、45°、60°、90°以外的其他角吗？如果可以的话，那真是太棒了，你都能画出哪些角呢？

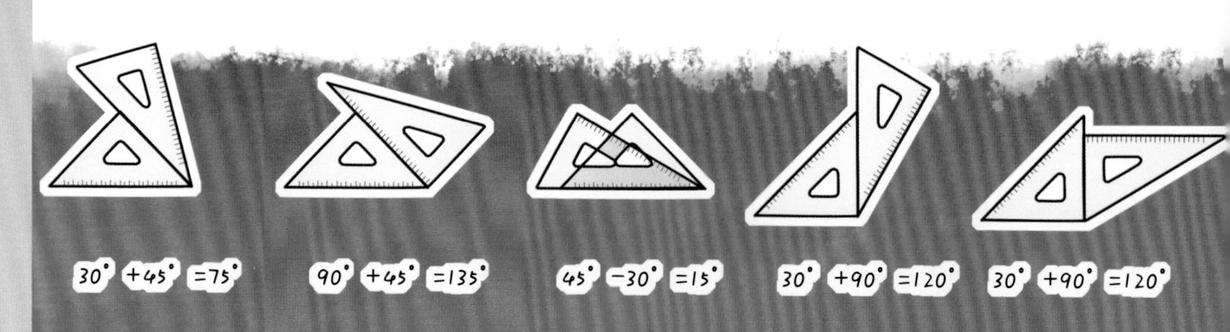

不过，如果你有了它——量角器，那你就可以画出更多种类度数的角了！

在使用量角器时要将角的顶点放在量角器的中心，一条边与零度边重合，另一条边所对应量角器上的数字，就是这个角的度数。

用量角器画出角度也是用同样的方法。小读者可以尝试自己画一画。

当然了，量角器也可以用来量角的度数，在使用时，要注意保护好量角器上的刻度哦！

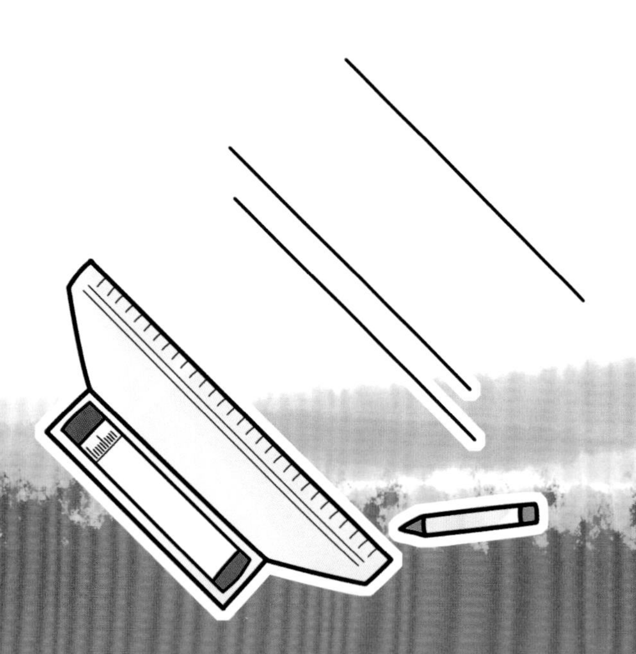

平行尺是用来画出两条或两条以上的平行线的尺子，有了它，我们就能画出整齐又平行的多条直线了！

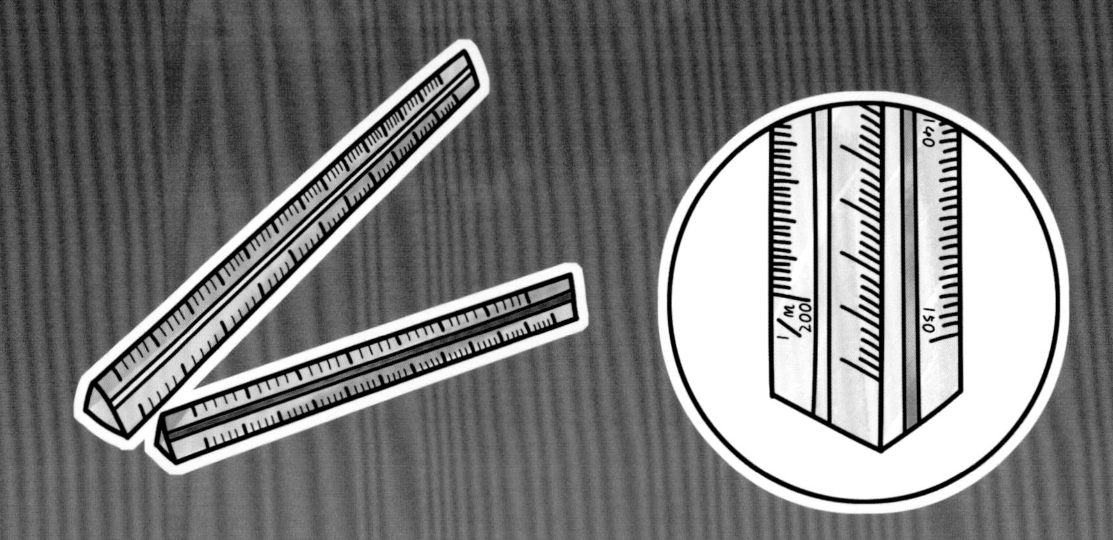

三棱尺是一种带有比例的尺子，可以直接用它测量、换算图纸的比例，因此三棱尺是建筑师读图、绘图的好帮手！

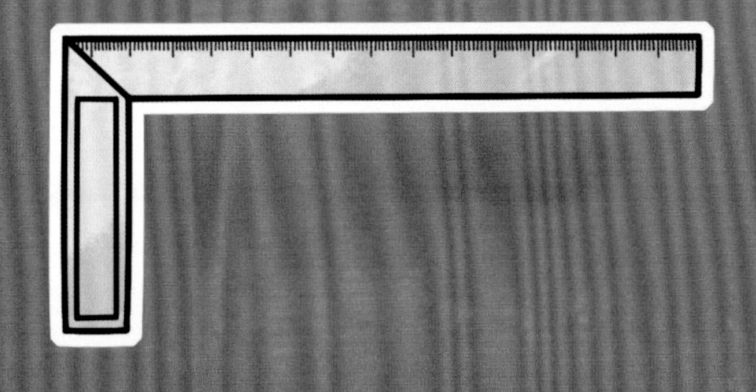

左侧长得像“手枪”的尺子就是直角尺，直角尺常常被用来检测垂直度，当然，也可以用来画线。

在收钢卷尺时，边缘在快速收起时容易划伤手，小读者在使用时要注意安全！

卷尺是一种便于携带的尺子，虽然体积小，但是其量程相对于其收缩后的尺寸大很多，因此建筑师在调研与测绘中，常常会把卷尺带在身上。

卷尺按照材料分类，包括钢卷尺、皮卷尺、纤维卷尺等。

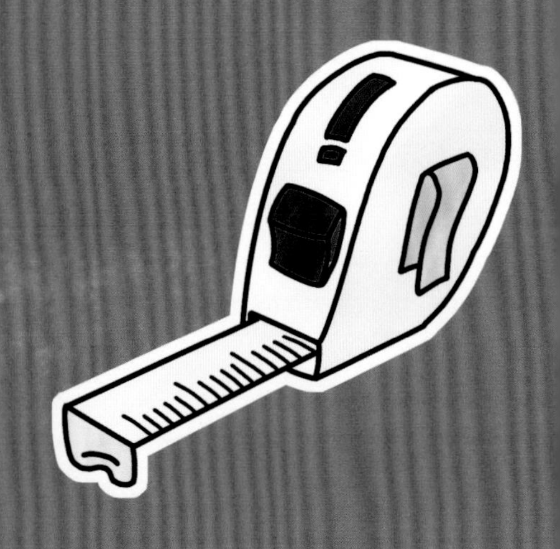

小读者有没有想过，测量直线的尺子很多，那么曲线的长度应该怎么测量呢？

蛇形尺就能解决这样的困惑！它可以随意调节弧度，因此能够测量不规则曲线的长度。

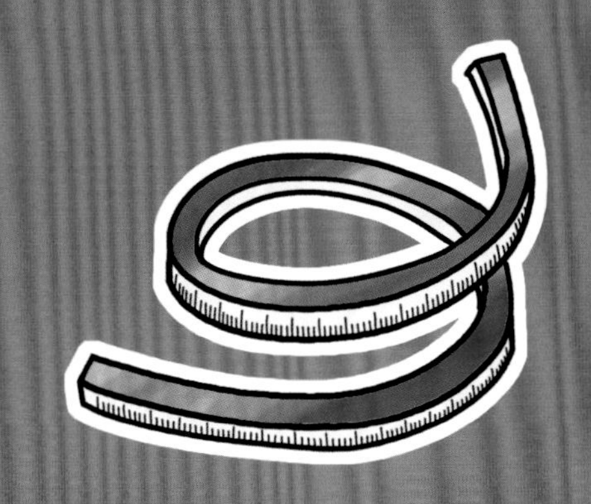

曲线尺能够帮助建筑师画出连贯的曲线，它们的形状是不是也很漂亮呢？

圆规是用来画圆形或弦的工具，常用于尺规作图。一般的圆规由“两条腿”构成。

圆规的“一条腿”用作支撑，“另一条腿”起到画笔的作用，描绘弧线。两条腿的角度根据所需要画出的圆形半径来改变。

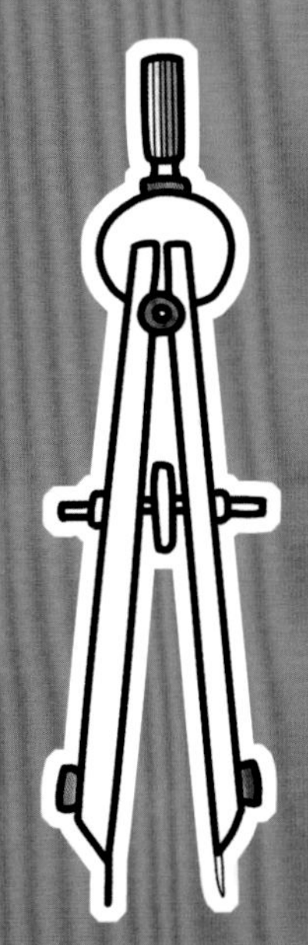

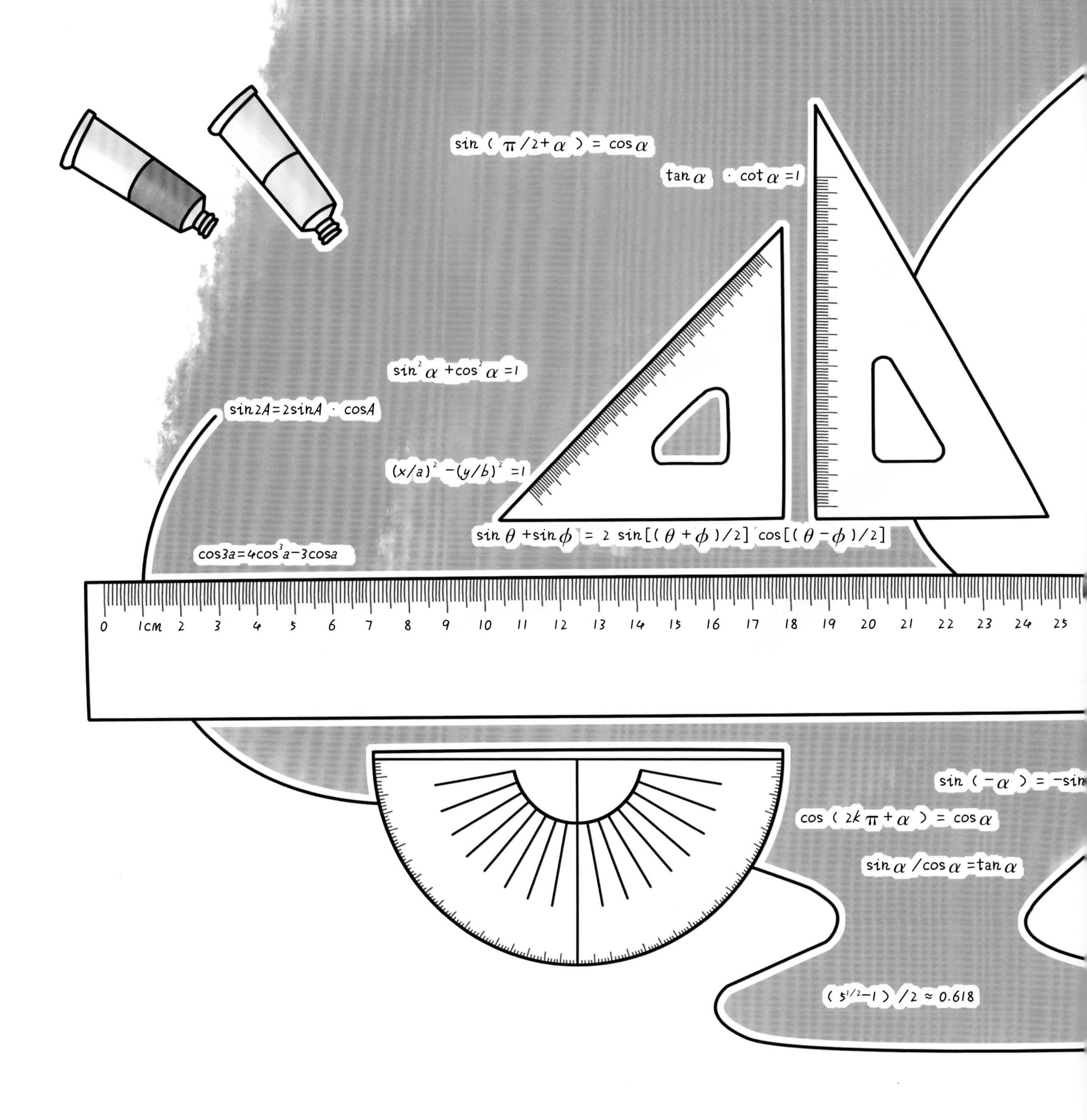
sin (π/2+α) = cos α
tan α · cot α =1
sin² α +cos² α =1
sin2A=2sinA · cosA
(x/a)² −(y/b)² =1
sin θ +sin ϕ = 2 sin[(θ + ϕ)/2] cos[(θ − ϕ)/2]
cos3a=4cos³a−3cosa
0 1cm 2 3 4 5 6 7 8 9 10 11 12 13 14 15 16 17 18 19 20 21 22 23 24 25
sin (−α) = −sin
cos (2kπ + α) = cos α
sin α /cos α =tan α
(5^(1/2)−1) /2 ≈ 0.618

从数学看建筑

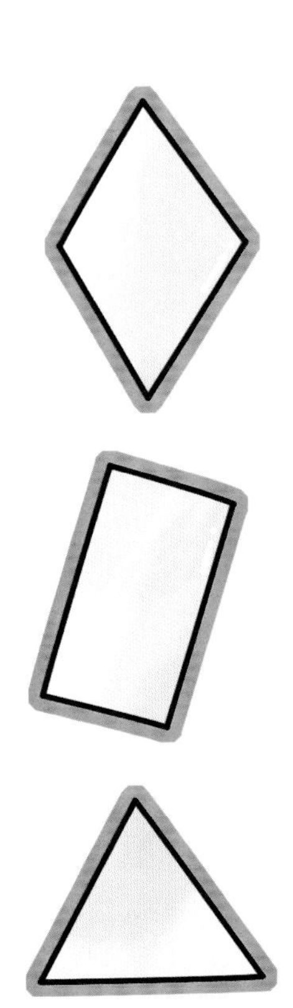

在建筑学中，观察能力是很重要的。我们需要观察建筑的形态，也要观察建筑中的细部构造，既要观察建筑的外观，也要观察建筑内部的样子！通过观察能够发现建筑中的尺度与数学有关，大多数建筑的形态也是以数学中的基本几何形状为基础的，因此建筑学与数学是两门关系紧密的学科。

能够对几何图案进行加工和创意描绘，是建筑师重要的基本功，也是建筑师表达想法与创意的重要手段！热爱建筑学科的小读者，要好好练习描绘几何图案哦。

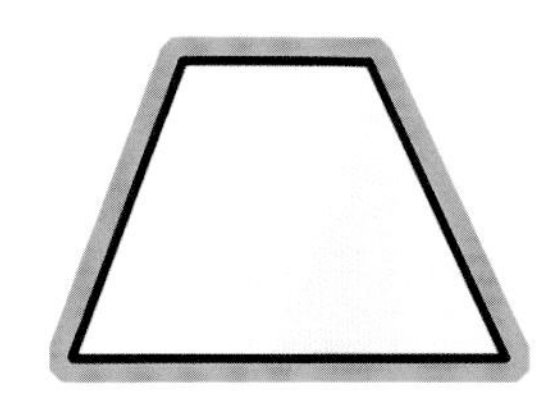

建筑中的几何学与代数学

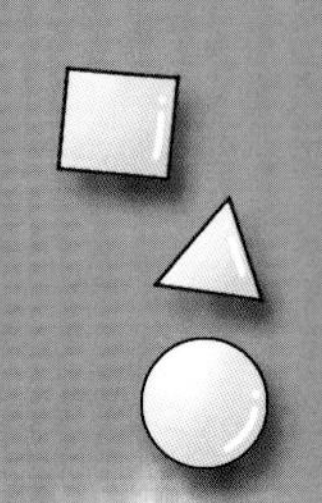

建筑形状报告

建筑的形状多种多样，但是万变不离其宗，大多数建筑的形状也都是我们常见的形状，比如三角形、正方形、长方形、梯形、圆形、椭圆形等。

想要成为一名优秀的建筑师，当然要具备很好的图形观察能力，让我们跟着胡老师一起去看看那些形态各异的建筑吧！

三角形

卢浮宫这座“玻璃金字塔”的设计者是美籍华人建筑师贝聿铭。通透的玻璃不仅为建筑的地下空间提供了良好的天然采光，而且能反射出天空的景象呢！

让我们看一看胡老师的笔记本上都记录了哪些信息吧——

卢浮宫金字塔	
建成年份	1989
建筑高度	21米
建筑底宽	34米
建筑材料	四个侧面共有673块菱形玻璃

卢浮宫金字塔俯瞰示意图

贝聿铭是著名的美籍华人建筑师，1917年出生于中国广州，祖籍苏州。他是1983年第五届普利兹克奖的获得者！

贝聿铭的作品以公共建筑和文教建筑为主，被誉为“现代建筑的最后大师”。

想一想

三角形魔方有几个面?

卢浮宫金字塔的主要建筑形态为棱锥，四个立面的主要形状都是三角形，是不是很像小读者平时玩的三角形魔方呢？

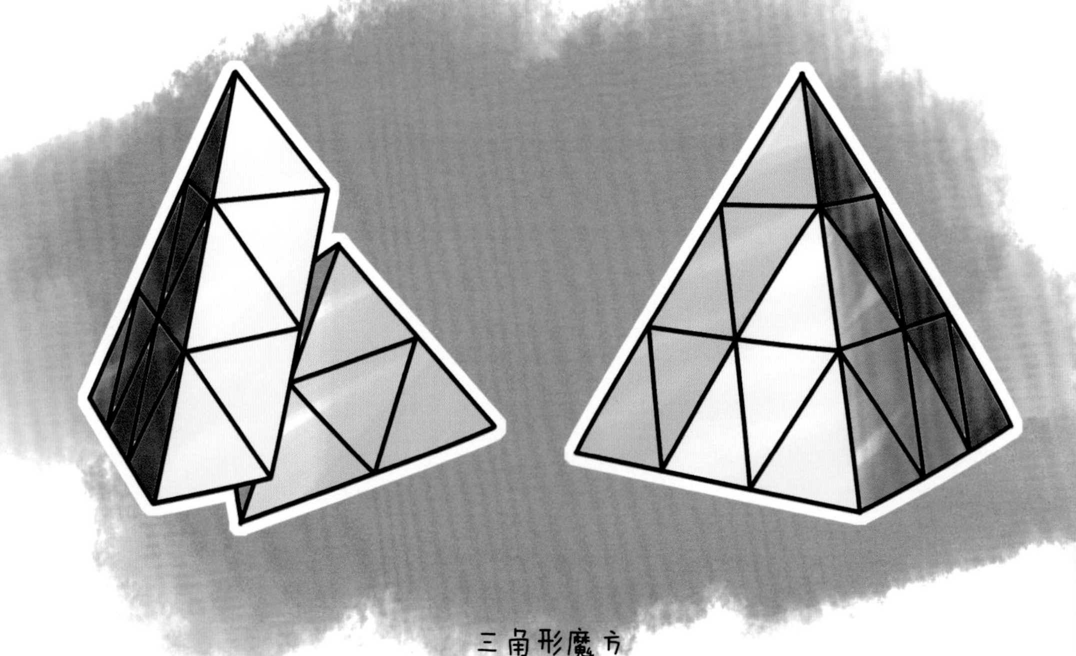

三角形魔方

三角形是在一个平面内的封闭图形，这个图形的三条边不在同一直线上，而且是首尾依次连接起来的。

小思考：胡老师在他的笔记本上画出了一些三角形，你觉得这些三角形之间有什么区别呢？尝试给下面的几种三角形划分一下类别，并思考一下你分类的依据是什么。

小思考

①这是一个等腰三角形。

②这也是一个等腰三角形，它的三个角与三角形①中的三个角分别相等，且三边成比例，这样的两个三角形我们称为相似三角形。相似三角形可以理解为将同一个三角形进行放大和缩小。

③这是一个直角三角形，一般直角可以用一个小折线“┑”来标注。

④这也是一个直角三角形。

⑤这是一个钝角三角形。钝角三角形是有一个角大于90°且小于180°的三角形。

小读者平时玩的三角形魔方其建筑形态也是棱锥，仔细观察一下，可以发现它与卢浮宫金字塔形态的区别吗？

认真观察的小读者应该会发现，我们平时玩的三角形魔方有三个侧面，因此称为三棱锥，而卢浮宫金字塔有四个三角形侧面，因此称为四棱锥。

胡老师已经将三棱锥和四棱锥的特点梳理出来了！经过简单的比较，我们会发现——

类别	三棱锥	四棱锥
侧面数目	3	4
棱的数目	3	4
底面形状	三角形	四边形
形体面数目	4	5

猜一猜：通过对两种形体的比较，你认为五棱锥是一个怎样的形态呢？五棱锥的侧面数目是多少，有几条棱，底面形状又是几边形呢？那六棱锥呢？

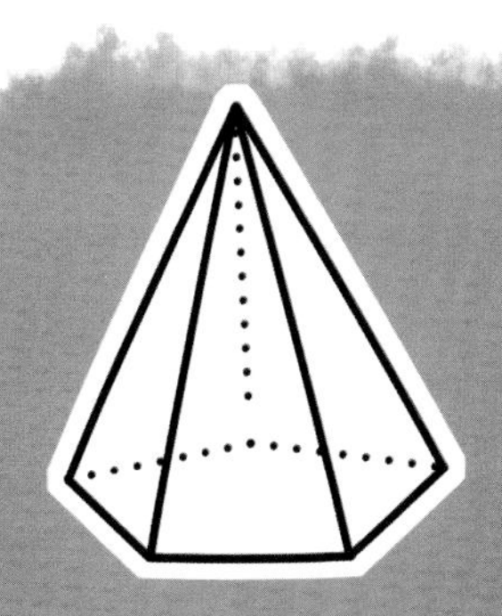

五棱锥

六棱锥

等边三角形：三条边长度相等的三角形，就是等边三角形。等边三角形又称为正三边形。

等腰三角形：至少有两边长度相等的三角形，叫作等腰三角形。

小思考

①如果一个三角形是等边三角形，那么它一定是等腰三角形吗？

②如果一个三角形是等腰三角形，那么它一定是等边三角形吗？

建筑立面：建筑立面分为建筑外立面和建筑内立面，通常意义上的建筑立面指的就是建筑物在观看角度可见的、与建筑的外部空间直接接触的表面，以及其构成方式。

承重墙：指支撑着承重墙所在楼层的上部楼层重量的墙体。与承重墙对立的概念是非承重墙。

非承重墙：指不承受非承重墙所在楼层的上部楼层重量的墙体。实际上，非承重墙并非不承重，其含义仅仅是相对于承重墙而言的，非承重墙是次要的承重结构。

方形

正方形

世界上有大量的方形建筑，由法国的现代建筑大师勒·柯布西耶设计的萨伏伊别墅就是一个典型的例子！

不仅如此，萨伏伊别墅还是新建筑五点的代表，这五点分别是：

（1）建筑的底层使用独立基础的柱结构架空。

（2）屋顶设有花园。

（3）建筑平面自由，也就是说墙体不用完全用于支撑屋顶。

（4）建筑立面自由，也就是说立面与建筑的主结构相互独立。

（5）建筑设有横向的长窗。

胡老师的笔记本上写道——

萨伏伊别墅	
设计年份	1928
建成年份	1930
建筑地址	法国普瓦西
建筑结构	钢筋混凝土结构

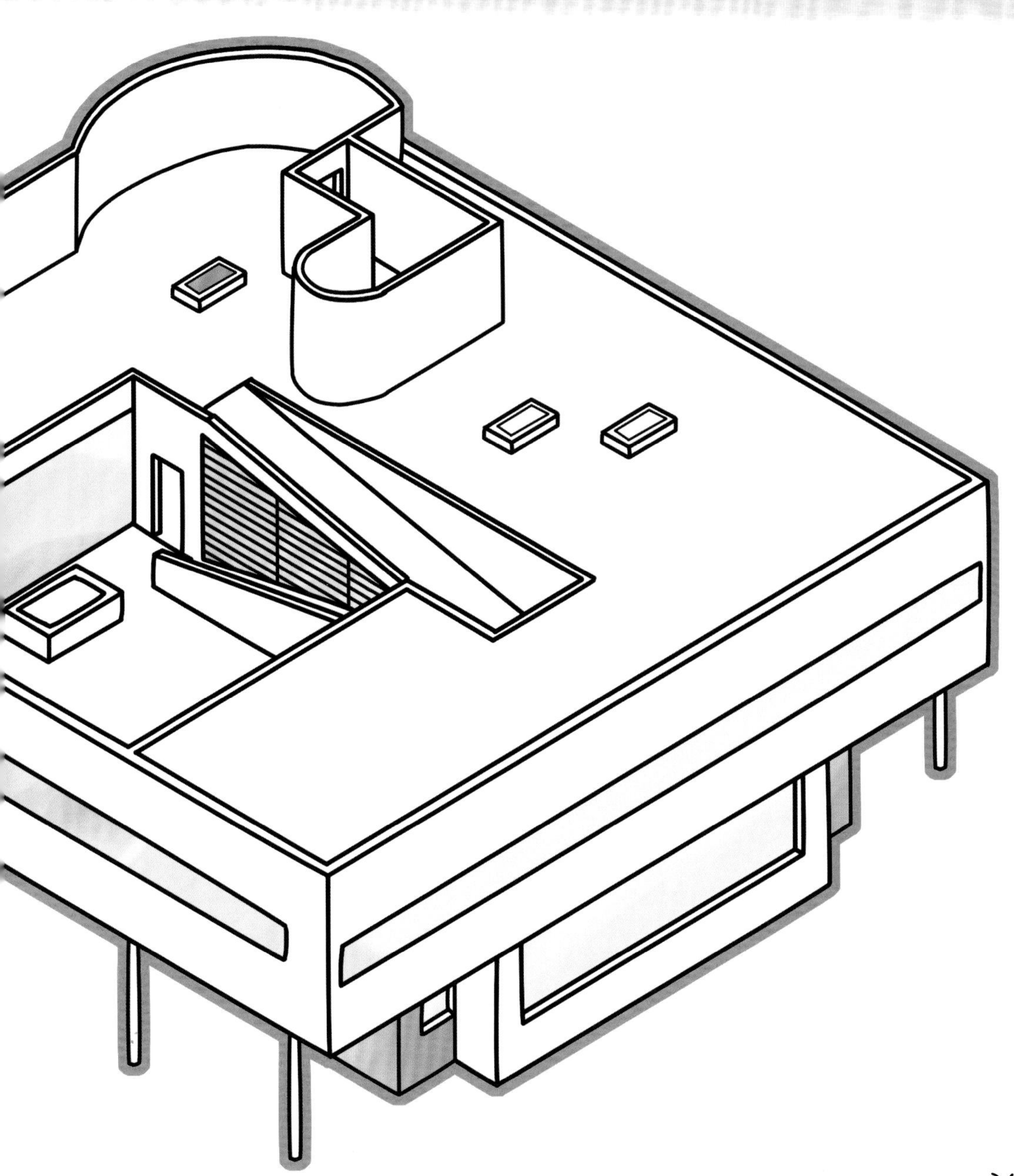

平行四边形：在同一个平面里，由两组平行线组成的闭合图形就是平行四边形。

菱形：有一组邻边相等的平行四边形就是菱形。

长方形：四个角都是直角的平行四边形叫作矩形。

正方形：有一组邻边相等且一个角是直角的平行四边形叫作正方形。

小思考

①如果一个四边形是正方形，那么它一定是长方形吗？

②如果一个四边形是长方形，那么它一定是正方形吗？

③如果一个四边形是正方形，那么它一定是平行四边形吗？

庑殿是中国古代传统建筑中的一种屋顶形式，是房屋建筑中等级最高的一种建筑形式。庑殿多用于宫殿、坛庙、重要门楼等高级别建筑上。

梯形

中国古建筑中，很多庑（wǔ）殿式建筑的屋顶就是梯形的，比如位于孔庙（又称文庙）的大成殿就是典型的庑殿式建筑，因此在建筑立面上可以看到梯形的屋顶。

孔庙位于北京国子监街，在中国的元、明、清三个朝代，被用来祭祀先贤孔子。

中国古建筑的特点是对称，因此庑殿式建筑中的梯形多数是等腰梯形！

直角梯形就是具有一个直角的梯形；等腰梯形就是在一个平面内，一组对边平行、另一组对边相等的四边形，这两种梯形都是特殊的梯形！

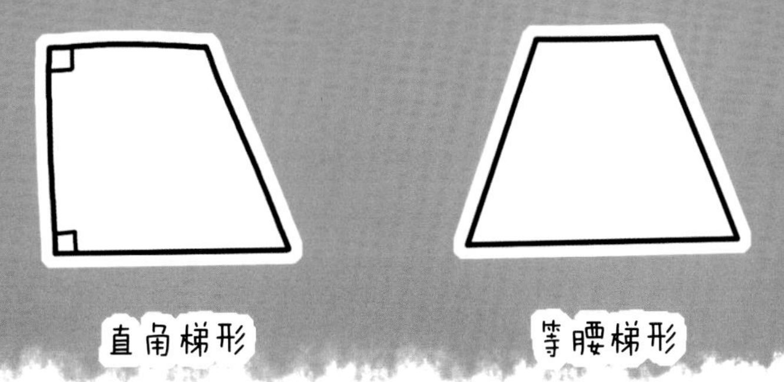

在直角梯形中，有两个直角；

在等腰梯形中，同一个底边上的两个内角度数相等。

小思考

到目前为止，你知道哪些图形是对称的？

查一查

下雨时，雨水汇聚到斗兽场内，古罗马斗兽场是不是就成了一个“大水缸”？如果不这样，斗兽场是如何解决排水问题的呢？

圆形

若是谈到圆形的建筑，那么位于意大利首都罗马威尼斯广场附近的古罗马斗兽场就是一个典型的例子！

现在的斗兽场受损十分严重，每天仍然迎来络绎不绝的参观者，小读者在书上看到的斗兽场是经过复原的模样。

那么在古代，罗马斗兽场是一个怎样的地方呢？

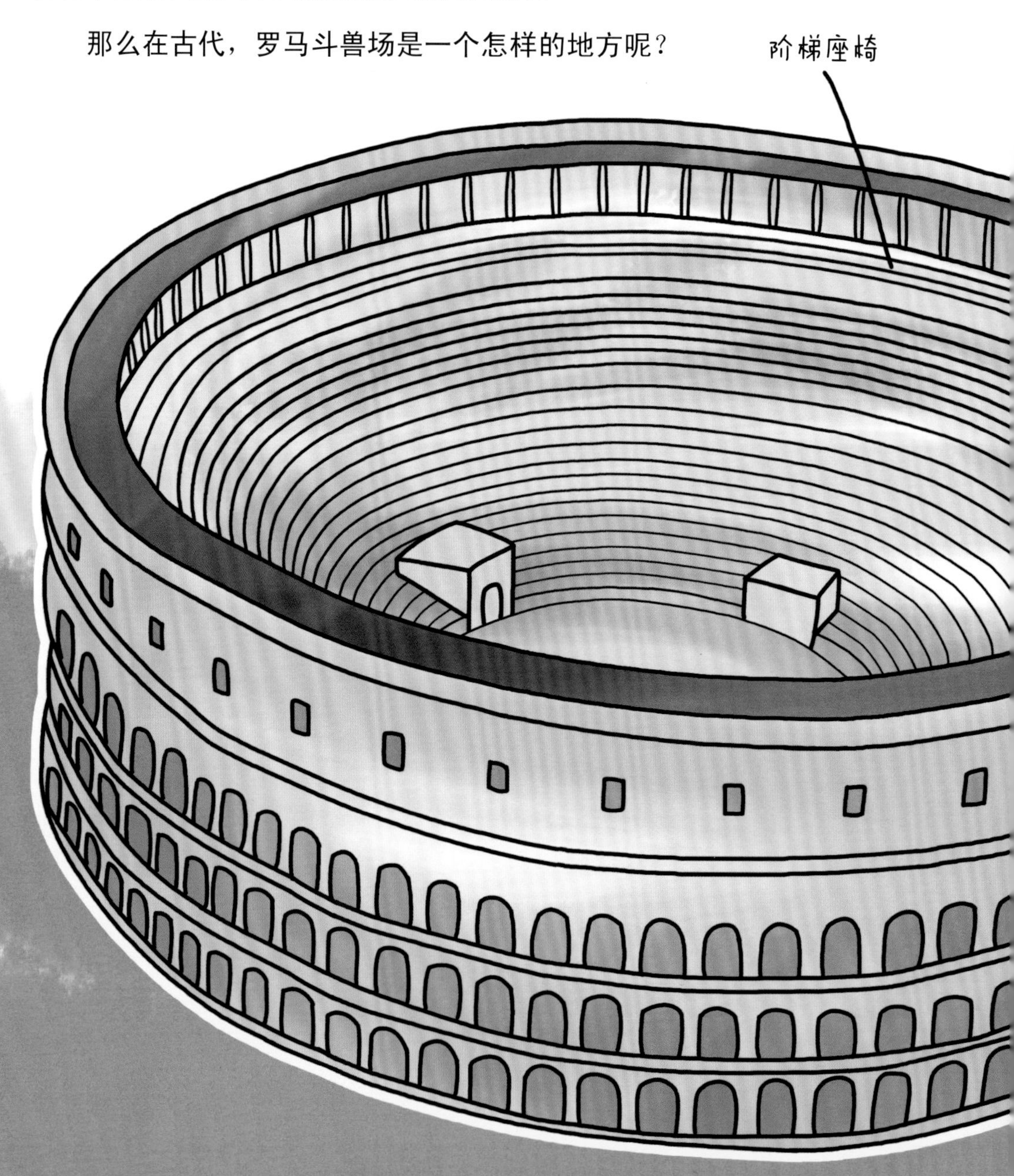

古罗马斗兽场（复原效果）

古罗马斗兽场	
建造时间	公元72–82年
建筑墙高	约57米
长轴长度	约188米
短轴长度	约156米
外围周长	约527米
占地面积	约20000平方米

在古代，罗马斗兽场是古罗马皇帝下令修建，供奴隶主、贵族和自由民“取乐”的地方。在这里进行着残酷的斗兽或奴隶角斗。

古罗马斗兽场形态为什么不完整呢？这是几百年以前的地震导致的。斗兽场在损坏之后就变成了破损的状态。

世界八大奇迹

古罗马斗兽场是世界八大奇迹之一，其余的七大奇迹分别是位于中国陕西省西安市的秦始皇兵马俑、曾燃烧了近千年的亚历山大港灯塔、已经不复存在的巴比伦空中花园、埃及的金字塔、位于希腊南部的奥林匹亚宙斯神像、位于土耳其的阿尔忒弥斯神庙、位于哈利卡纳素斯的摩索拉斯陵墓和位于罗德市港口的太阳神巨像。

想一想

在前面的内容中，我们介绍的哪种工具能帮助我们画出标准的圆形呢？

在我们的印象里，建筑大多数是方盒子，但是圆形这一形状要素在建筑中也并不少见，有时是正圆形，而有时是椭圆形，比如北京奥运会的主场馆鸟巢、福建地区的土楼、国家大剧院等建筑就是以圆形为主要元素的。

圆形中又存在着哪些数学关系呢？

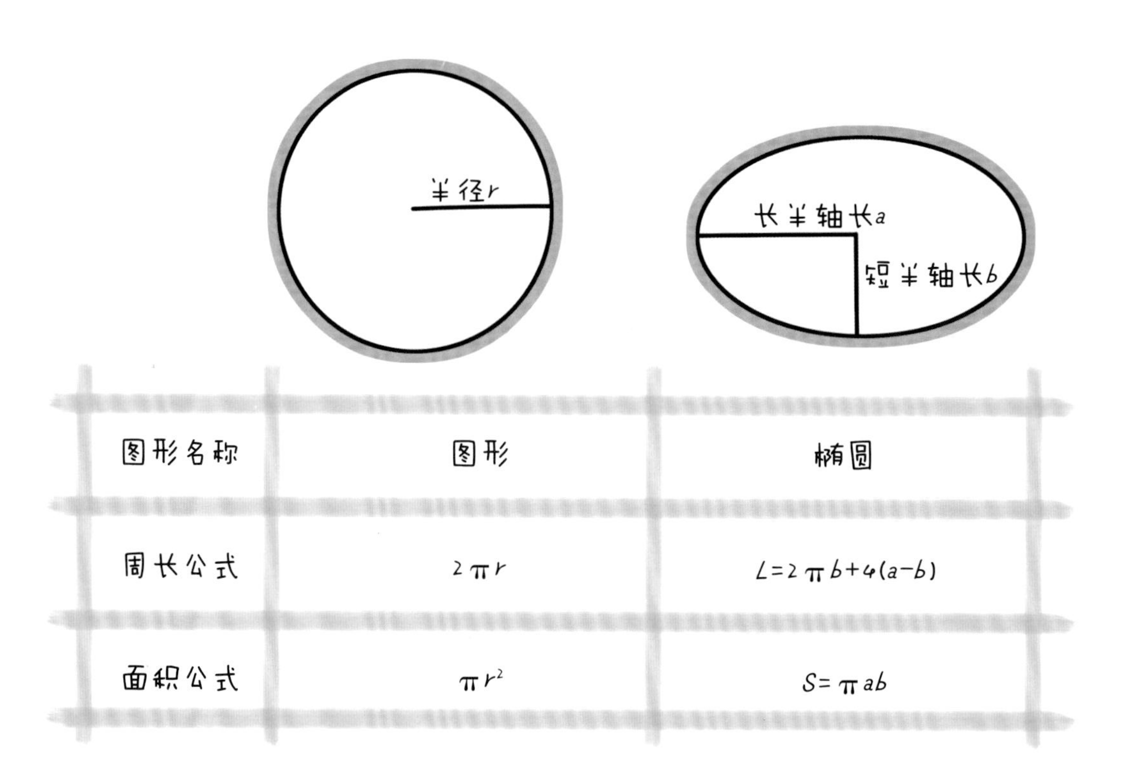

图形名称	图形	椭圆
周长公式	$2\pi r$	$L=2\pi b+4(a-b)$
面积公式	πr^2	$S=\pi ab$

量一量：请小读者拿起手边的尺子，测量一下圆的圆心到其圆周上的某一点的距离是多少。再尝试一下同一个圆上的不同点，你有什么发现？请小读者再用手里的尺子测量一下椭圆的中心点到其圆周上的某一点的距离是多少。换几个不同的点，你又有什么发现？

许多建筑的形态要素不仅仅包括圆形，更是有着各种各样的曲线。有很多建筑师擅长设计曲线形的建筑，比如伊拉克裔英国女建筑师扎哈·哈迪德就擅长设计异形曲线建筑。不过，这位建筑师英年早逝，在世界各地留下了很多优秀又前卫的现代建筑，比如中国广州歌剧院、北京银河SOHO、上海凌空SOHO，美国辛辛那提当代艺术中心，英国滨江博物馆等。

查一查

建筑师扎哈·哈迪德的作品是什么样子的？不妨就查查中国广州歌剧院、北京银河SOHO、上海凌空SOHO，美国辛辛那提当代艺术中心，英国滨江博物馆吧！

扎哈·哈迪德	
出生年份	1950
毕业院校	伦敦建筑联盟
主要成就	2004年普利兹克建筑奖获奖者

知识链接：多样的线条

描绘建筑，线条是十分重要的元素。不同的线条有着不同的“性格”。

在介绍建筑线条之前，请小读者先想一想，你能用手中的画笔画出几种不同的线条？

线条是图形的组成部分，请小读者仔细看看下面的线条吧，它们彼此之间一样吗？你能尝试找出它们之间的共同点和不同点吗？

一条直线

一条粗粗的直线

两条平行的直线

两条相交的直线

一条曲线

两条不相交的曲线

画一画

拿出一张白纸，尝试模仿旁边的线条吧！

一条虚线

一条折线

一条点画线

一条双点画线

一条波浪线
（其实也是曲线）

一条螺旋线

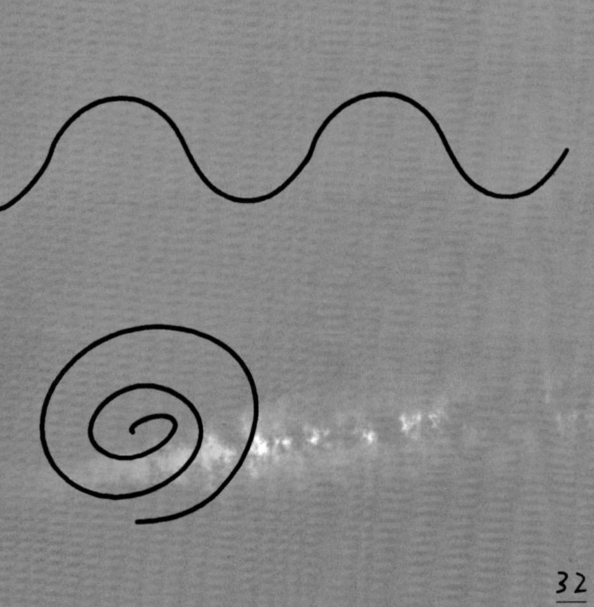

中国古建筑

中国古建筑是中国，也是世界的宝贵遗产。在中国历史的长河里，每个时代都有着不一样的建筑形制出现。对考古、历史感兴趣的小朋友们可以在这章大饱眼福啦！

在新的一章里，胡老师将从建筑部件入手，为小读者讲解古建筑中的小知识，这些部件是什么样的？在古建筑中，这些部件又有什么作用？我相信，看完这章内容，小读者都能找到答案！

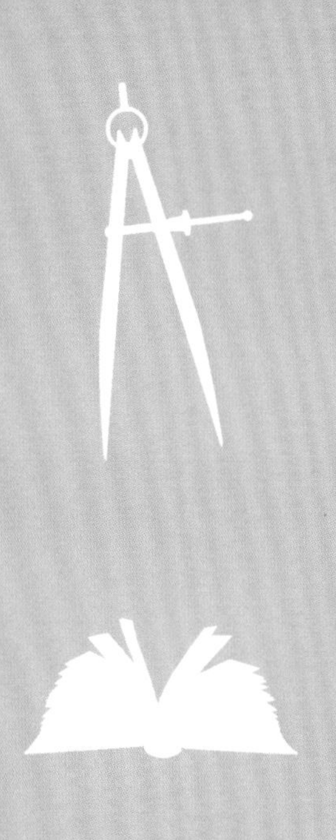

斗拱不仅仅是种建筑构件，也可以根据建筑的规格、等级、地域等涂刷彩色颜料。这些颜料还有防止木构建筑腐蚀的作用呢！

对于斗拱的叫法，有一点希望小读者注意：柱头科、平身科、角科这三个术语后面一般不加“斗拱”两字！

古建筑文化与部件

斗拱的秘密

斗拱是古建筑中重要的承重构件，更是中国特有的一种建筑构件。斗拱承上启下，将压在斗拱之上的重量传递到斗拱之下的构件。

一般来说，可以将斗拱按照在建筑物中的位置分为两类，一类是外檐斗拱，另一类是内檐斗拱。

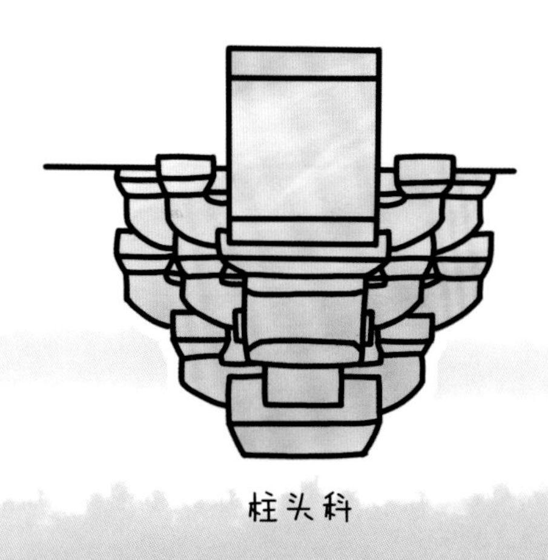

柱头科

外檐斗拱分为柱头科、平身科和角科三大类。

柱头科位于古代木构建筑的柱头部位，也就是柱子的顶端位置。

平身科位于柱子之间，也是清代木构建筑中使用最多的斗拱。

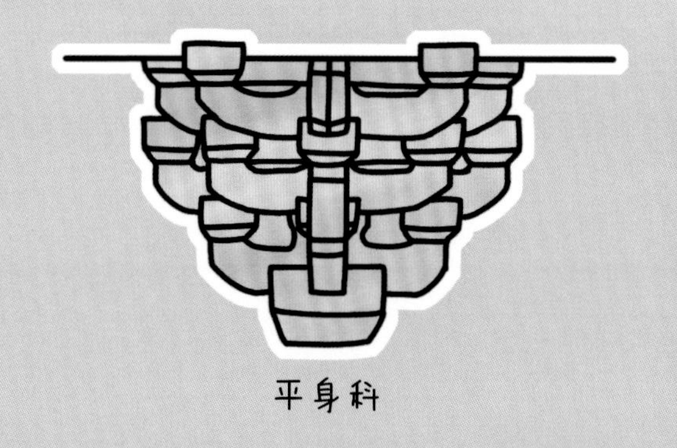

平身科

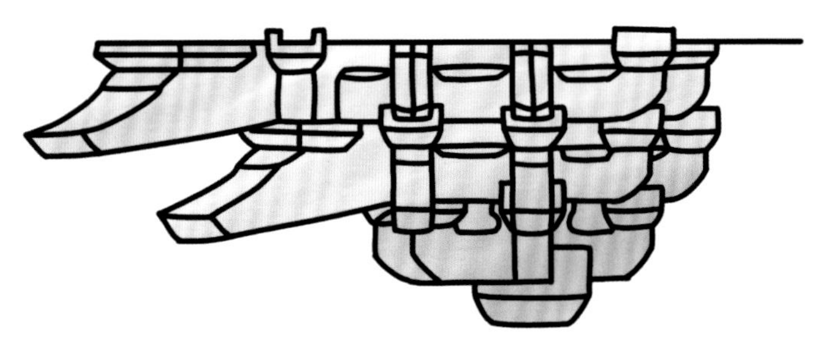

角科

顾名思义，角科的位置当然是位于古代木构建筑的转角处了！

斗拱是用一块木材雕刻出来的吗？还是说，斗拱的复杂外形，是由许多木头制成的构件拼接而成的呢？

木头到斗拱的变化，是一个怎样的过程呢？

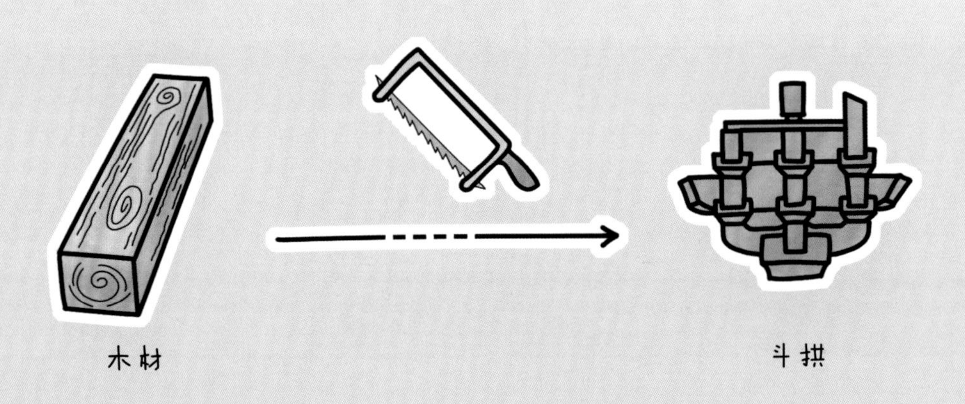

小思考

斗拱是一个整体，还是由多个部件组装在一起的呢？斗拱的外形如此复杂，仅仅是为了造型的美观才设计成这样的吗？

其实，斗拱是由多种构件组合而成的，就像小读者平时玩的积木一样，通常包括五部分：昂、翘、升、拱和斗。

在世界建筑史上，中国古代建筑的风格可以说是独树一帜！在建筑外观上，就与其他国家的大相径庭。不仅如此，中国古代木构架建筑的形式种类也很多。

看看下面这几种造型不同的建筑形式，你有哪些发现？你能总结出它们的共同点吗？

查一查

在这里介绍了拱、翘和斗，昂和升是什么样子的呢？小读者可以到网上自己查一查。

下图从左至右五种古建筑形制各不相同，分别为民居、陵墓、宫殿、坛庙和佛塔。除了陵墓之外，另外四种古建筑形制都具有屋顶，且外形基本对称，这不仅符合中国人传统的审美，更是中国古建筑的重要特点之一！

你发现了吗？除了民居之外，它们还都有尖尖的屋顶呢！

现存的很多古建筑并不是完好无损的，因为各种自然因素和人为因素，小读者看到的各种古建筑存在着各种病害！

查一查

古建筑的病害都有哪些类型？

答案

①木作病害种类——渗漏、移位、松动、变形、干缩、裂缝、破损、缺失、糟朽、虫蛀等。

②砖瓦病害种类——移位、松动、变形、裂缝、破损、缺失、剥落、附垢、酥碱、植物痕迹等。

③石作病害种类——松动、破损、缺失、附垢等。

④画作病害种类——褪色、破损、污染、侵蚀等。

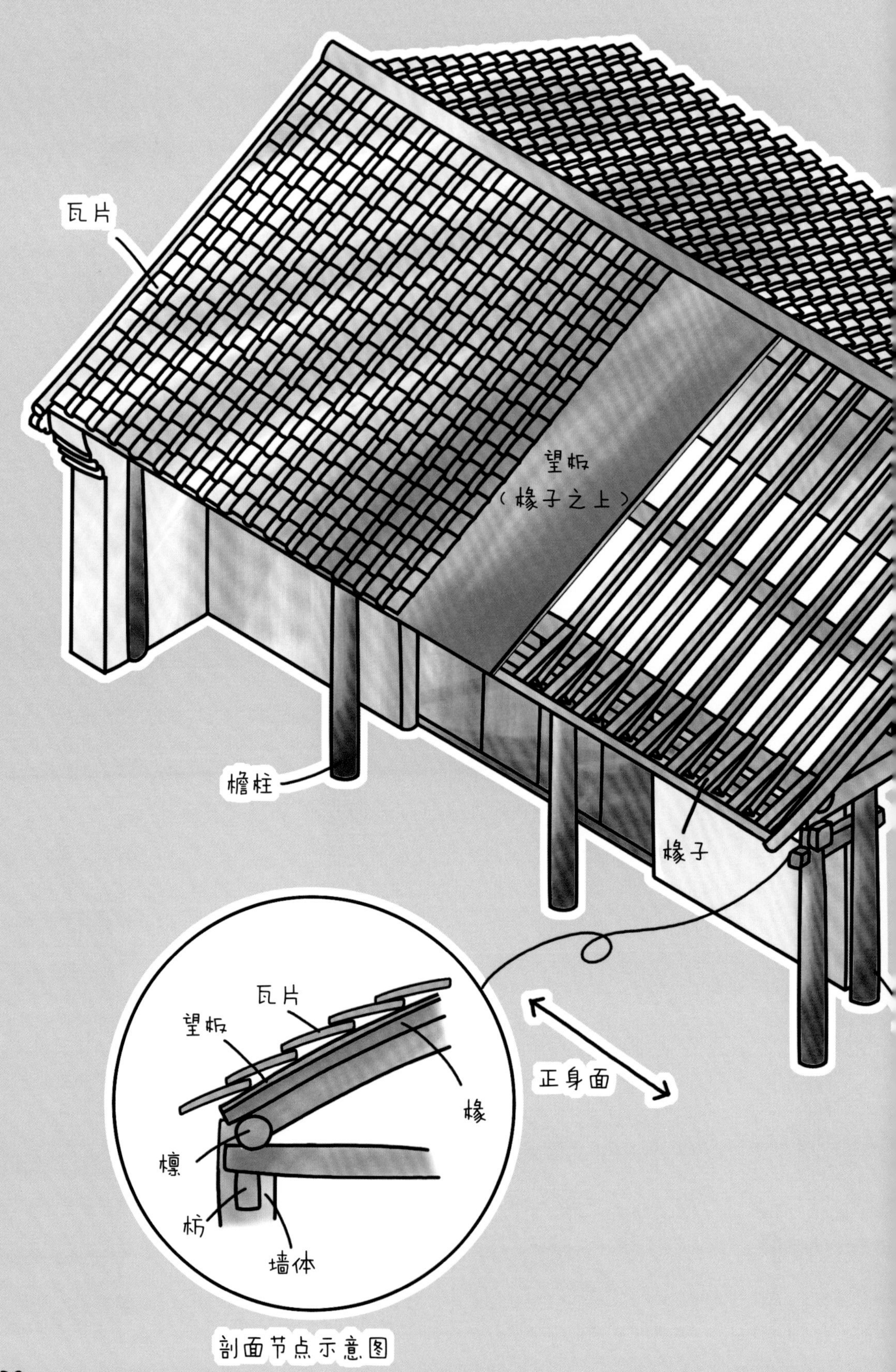

剖面节点示意图

古建筑结构知多少

对古建筑感兴趣的小读者，一定很想知道古建筑的结构是怎样的吧？别着急，让我们先看看古建筑的外观吧！

这是一个古代民居的正房，正房就是一户人家的院落中，位置处于正中的房间！

正房的概念与厢房相对，厢房就是位于正房两旁的房间。

四合院又有四合房之称，在中国民居中具有悠久历史，中间为庭院，平面组成形式为正房及东西两侧的厢房包围中央庭院。中国的四合院形式多样，其中以北京四合院最为典型。

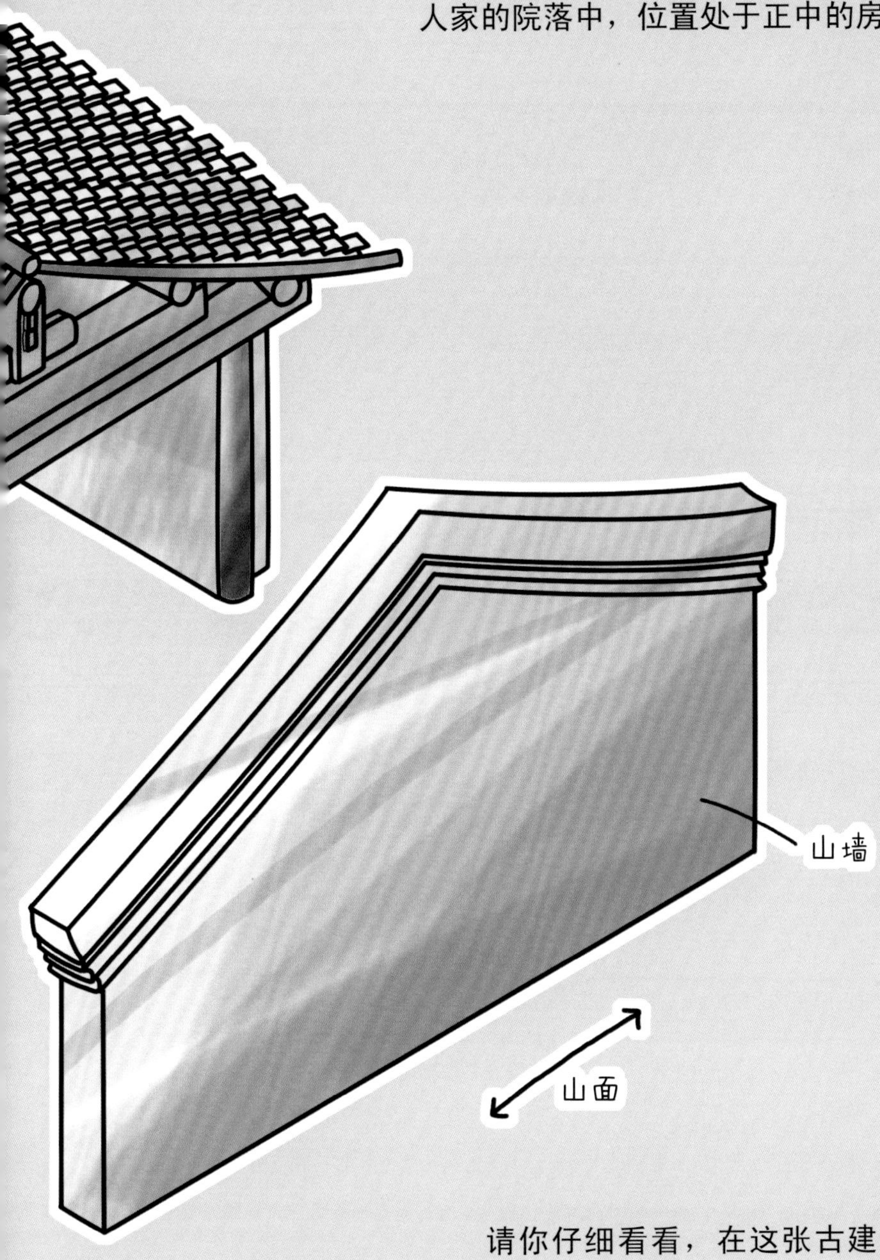

山墙

山面

请你仔细看看，在这张古建筑分解图中，都有哪些构件？你能叫出它们的名字吗？

中国古建筑知识小问答

1.中国最早的木构遗址在中国的哪个城市？

答：位于中国浙江，在浙江余姚河姆渡村遗址。

2.瓦是哪个朝代发明的？

答：西周。

3.清代木构架彩画分为几类？这几类分别叫什么？

答：清代木构架彩画分为三类，分别是和玺彩画、旋子彩画和苏式彩画。

4.什么是汉代四象？

答：汉代四象指的是青龙、白虎、朱雀、玄武。

5.我国宋代建筑的国家“标准与规范”指的是什么？

答：《营造法式》。

6.我国现存最大的唐代木建筑是哪一座？

答：山西应县木塔。

中国建筑史的知识不限于此，想要了解更多，可以查阅其他相关的建筑学书籍哦！

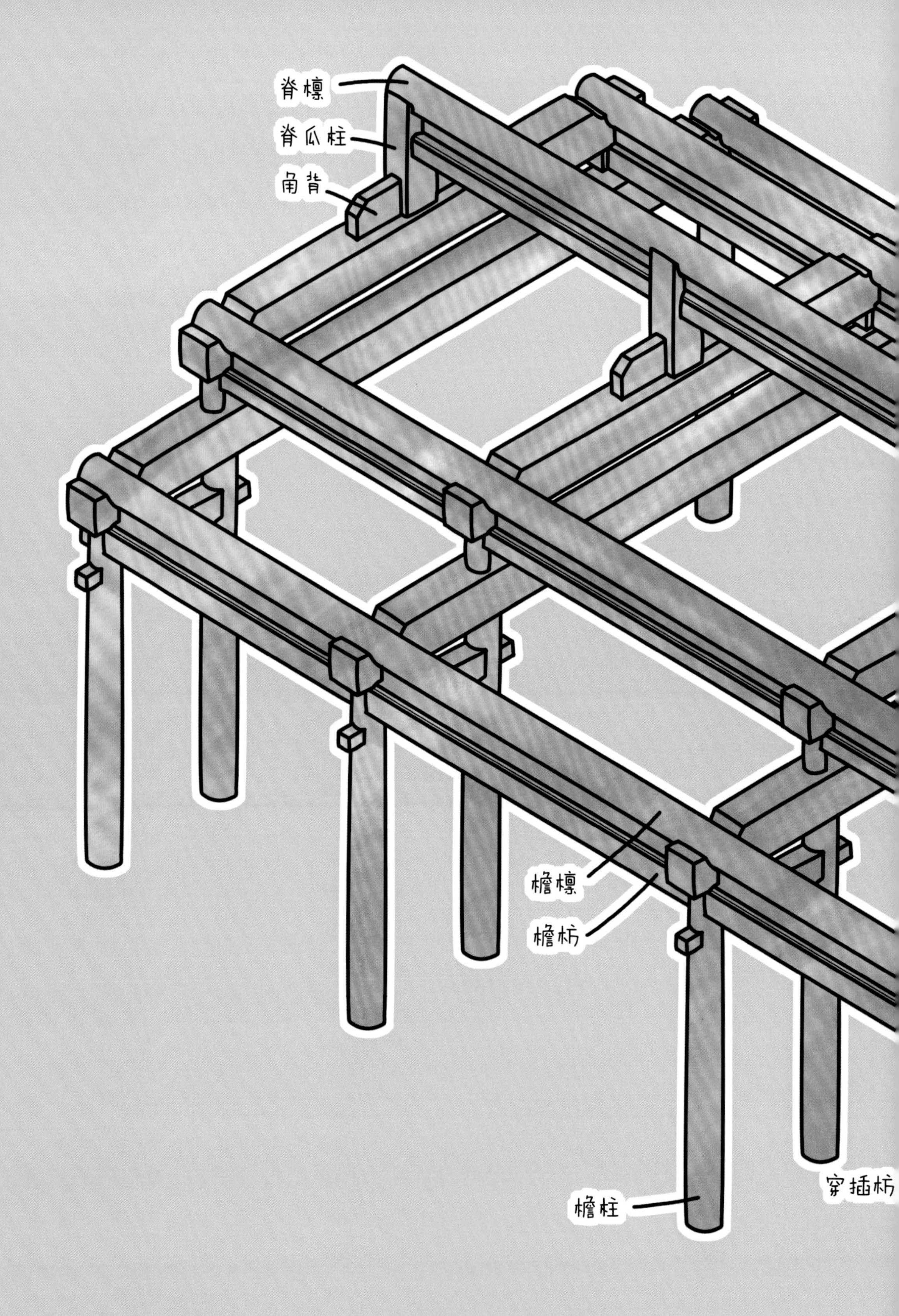

古建筑结构大揭秘

古建筑的结构长什么样子呢？屋顶之下的结构是怎样的？看了这张图你就知道了！

就像斗拱的组成一样，古建筑的结构也像积木一样，是由不同的木结构部件拼接起来的，它们还有各自的名字呢！

五架梁

三架梁

瓜柱

抱头梁

金柱

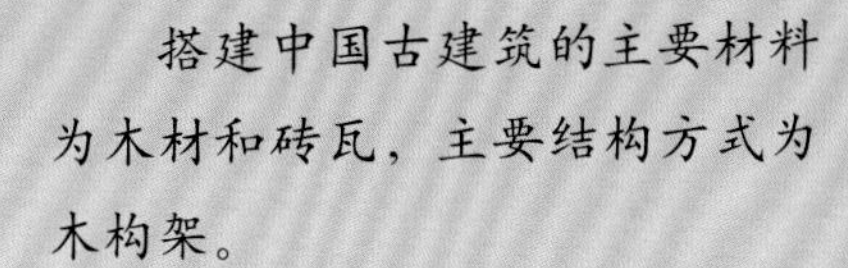

搭建中国古建筑的主要材料为木材和砖瓦，主要结构方式为木构架。

想一想

很多古建筑的屋顶是坡形的，也就是建筑师常说的坡屋顶，这样的屋顶有什么优点？

在很多建筑结构的基本尺寸上，古建筑和现代建筑还是有共同之处的。但是很多古建筑和现代建筑中的部件却大相径庭。

一个完整的古建筑除了有基本的建筑骨架之外，还有门结构、窗结构、墙体结构、装饰结构……让我们跟着胡老师一起来了解一下吧！

图中所示为隔扇门，因此上槛和中槛之间为横披窗，若为实榻板门，那么上槛和中槛之间则设置走马板。

门窗的艺术

细心的小读者可能会发现，比起我们生活中常见的门，古建筑的门窗多了很多“装饰”结构。胡老师已经为我们标注出了它们的名称，让我们一起来看一看吧——

古建筑的门常常是双扇的，这在汉字“门”的演变中，也能找到形象的印证！

上槛

横披窗

甲骨文：门

金文：门

篆文：门

繁体：门

古建筑中窗的种类有很多种，如槛窗、直棂窗、支摘窗、空窗、漏窗等。

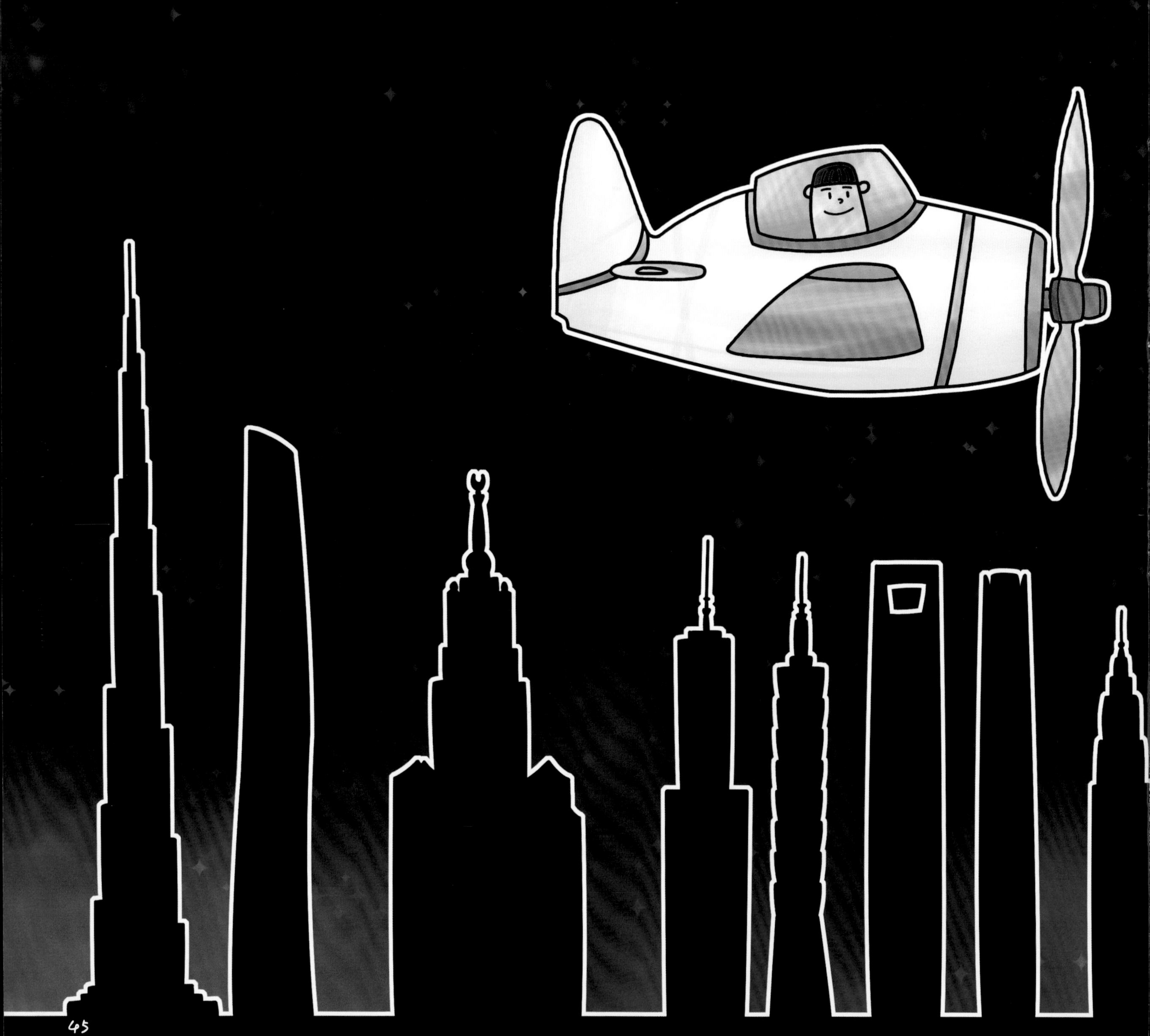

漫游世界超高建筑

从建筑师的成长历程来看，在学习的过程中经常参观优秀的建筑设计作品是十分必要的。建筑的造型设计、建筑空间的组合、建筑的尺度、建筑设计与建造的历史、建筑技术的应用、建筑的外部装饰和内部装饰、建筑使用者的特点，都是建筑师在观察建筑时需要关注的重要内容。

因此，在行走中观察、研究建筑是十分必要的。传统古朴的建筑需要学习，现代的建筑也需要学习；装饰主义风格的建筑需要学习，极简主义风格的建筑也需要学习。

胡老师将带着我们去参观一些世界超高建筑，让我们开启世界建筑漫游之旅吧！

超高建筑都是建筑中的大个子，世界最高建筑的纪录仍在不断更新中！1885年最高的建筑是家庭保险公司，高度是55米，而目前世界最高建筑哈利法塔高达828米！这个数据是1885年最高摩天大楼的15倍之多！

建筑考察实习

世界超高建筑

胡老师带领的世界超高建筑考察团，第一站来到了阿联酋的迪拜，这里有世界上最高的建筑！

相信很多小读者肯定很想知道世界上最高的建筑是哪一座吧！目前为止，世界上最高的建筑就是哈利法塔！

哈利法塔有162层楼，高度为828米，这座世界最高建筑位于阿联酋的迪拜，这也就不难理解为什么它原名叫迪拜塔了！右边的表格是哈利法塔的名片。

让我们来看看这座塔长什么样子吧，为了方便观看，请小读者把我们的书横过来吧——

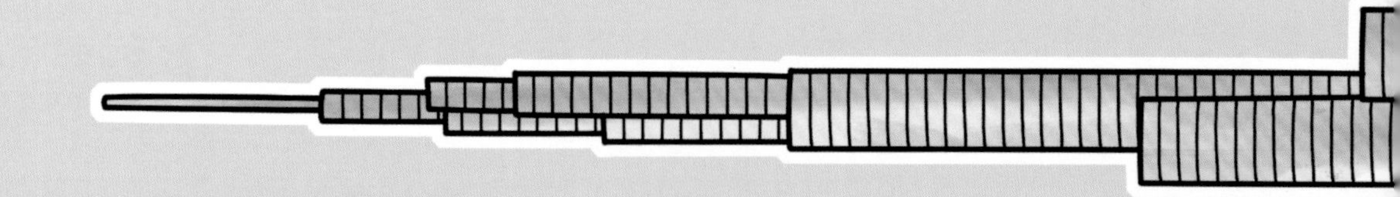

阿联酋，全称阿拉伯联合酋长国，位于阿拉伯半岛东部，是典型的亚热带国家！

哈利法塔	
建成年份	2010
建筑高度	828米
建筑功能	商业，娱乐、办公等

阿联酋知识小问答

1.阿联酋的首都是哪里？

答：阿布扎比。

2.阿联酋的国庆日是哪一天？

答：12月2日。

3.阿联酋的国土面积是多少？

答：约为83600平方千米。

4.阿联酋的国鸟是？

答：游隼。

5.阿联酋的国花是？

答：孔雀草。

6.阿联酋的行政区划是怎样的？

答：阿联酋包括七个酋长国，分别为阿布扎比、迪拜、沙迦、阿治曼、乌姆盖万、富查伊拉和哈伊马角酋长国。

这些题目与答案有没有让你更加了解阿联酋呢？

日本的樱花十分有名，每年的3月15日至4月15日，是日本的樱花节！

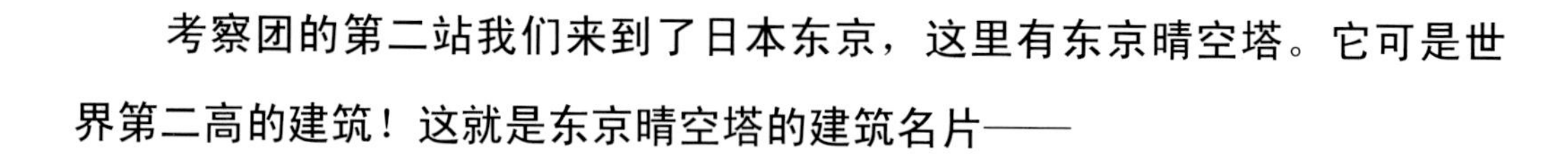

考察团的第二站我们来到了日本东京，这里有东京晴空塔。它可是世界第二高的建筑！这就是东京晴空塔的建筑名片——

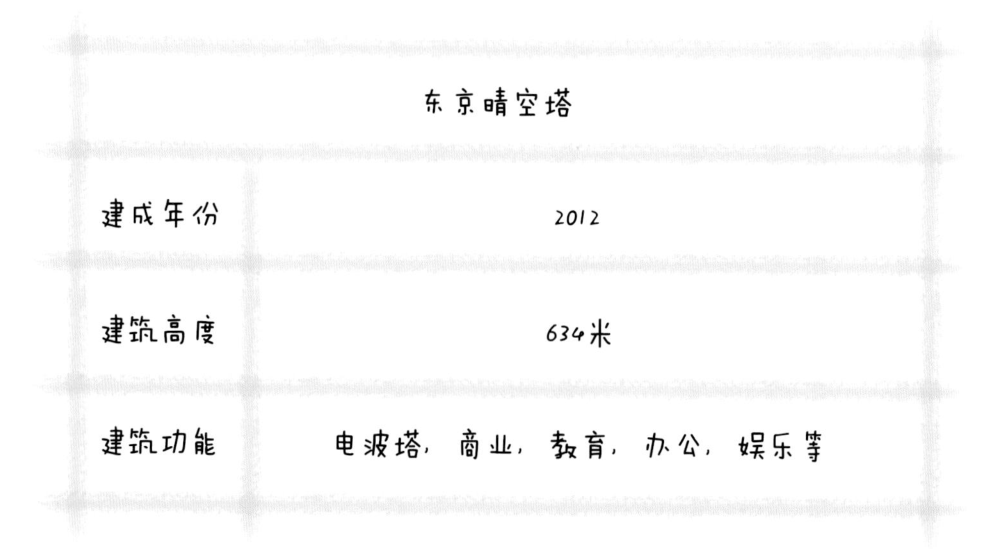

东京晴空塔	
建成年份	2012
建筑高度	634米
建筑功能	电波塔，商业，教育，办公，娱乐等

东京晴空塔早在2011年便获得了吉尼斯世界纪录认证，当时被评为“世界第一高塔”！

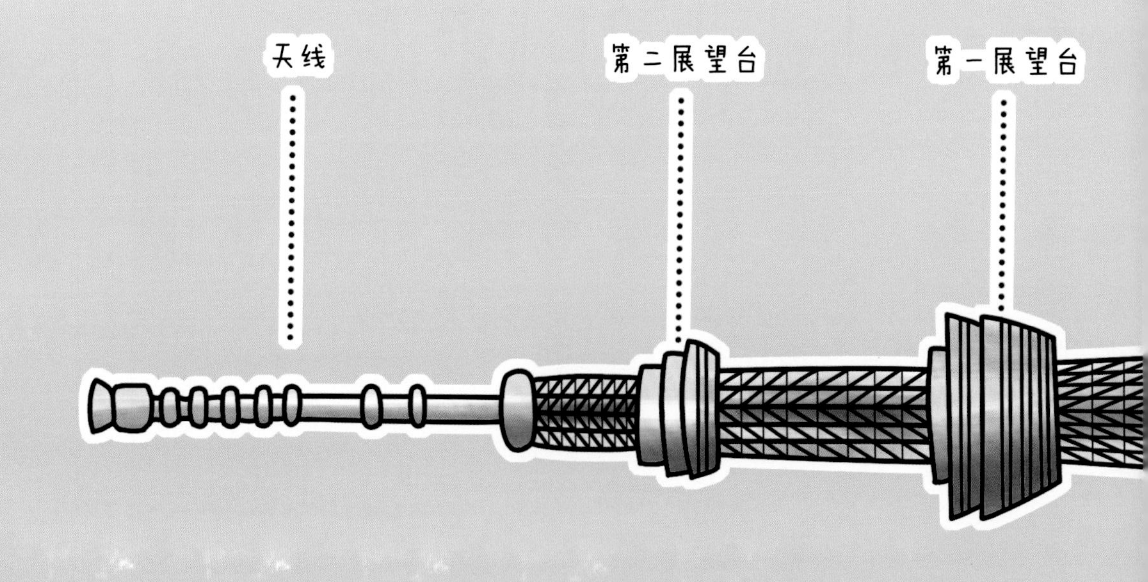

日本是由四个大岛和七千多个小岛组成的亚洲国家。四个大岛为北海道、本州岛、四国岛、九州岛，其总人口超过一亿。

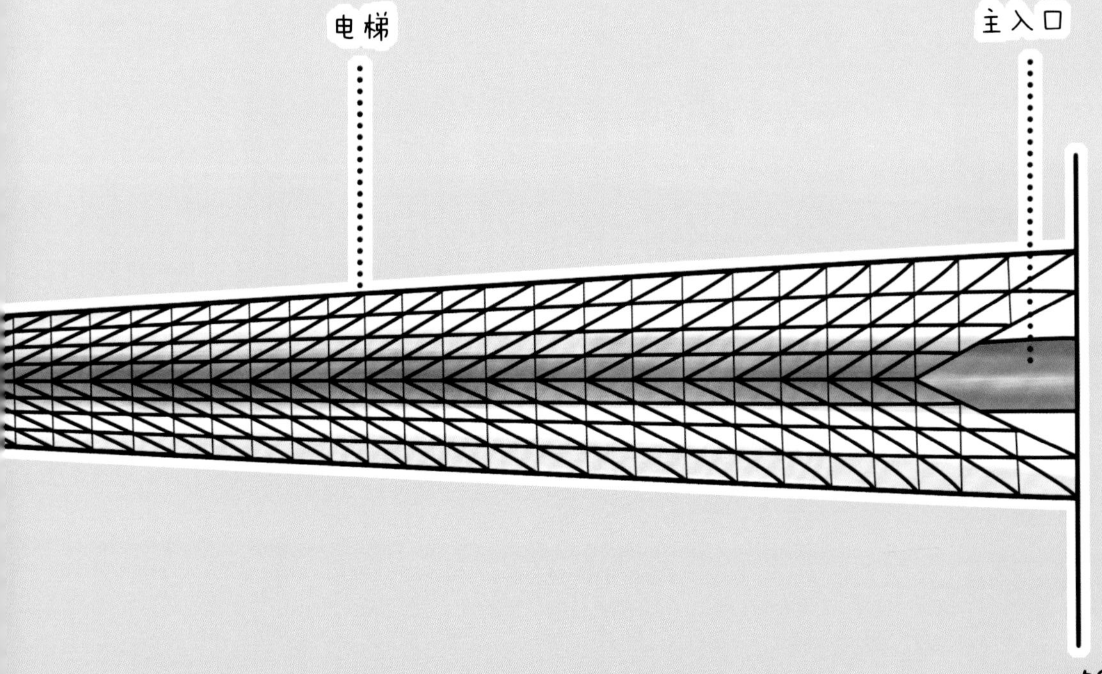

日本知识小问答

1.日本的首都是哪里？

答：东京。

2.日本国土面积是多少？

答：约为37.8万平方千米。

3.日本的国庆节是哪一天？

答：12月23日。

4.日本的地理最高点是哪里？其高度有多高？

答：日本地理最高点为富士山，其高度约为3775.63米。

除了中国和日本，你们还知道哪些亚洲国家吗？

考察团的第三站，我们回到了中国，来到上海，这里又将发生怎样的故事呢?

位于上海市浦东新区的上海中心大厦，是世界第三高的建筑物！这座高楼是目前中国境内的已建成建筑中的第一高楼，共有125层，总高度有632米！

让我们一起来看看上海中心大厦的名片吧——

上海中心大厦

建成年份	2016
建筑层数	125层
建筑高度	632米
建筑功能	办公，会展，酒店，观光娱乐，商业等

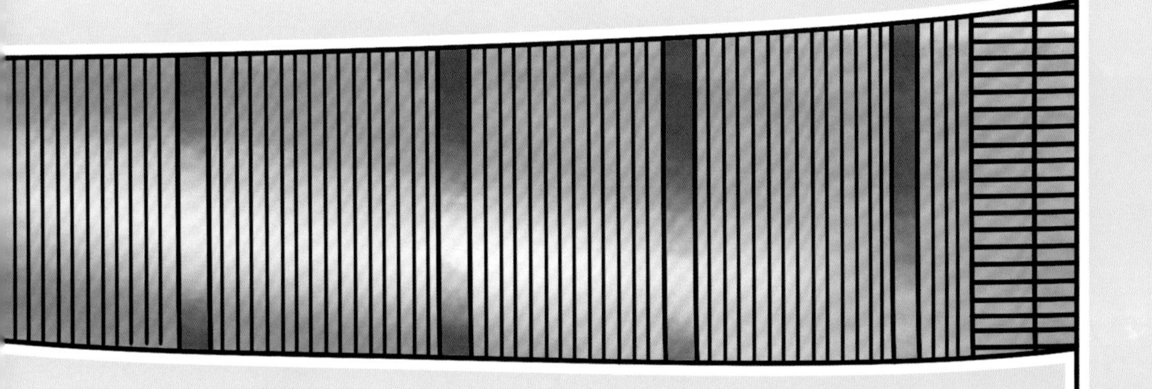

上海知识小问答

1.上海的简称是什么？

答：“沪”或者“申”。

2.上海共有多少个区？

答：16个区。

3.上海市有多少个郊县？

答：4个郊县。

4.上海市的面积有多大？

答：约6340平方千米。

5.上海市的面积占我国总面积的多少？

答：上海市面积约占我国总面积的0.06%。

6.上海最高的山是哪一座？

答：佘山。

7.上海有哪三个岛屿？

答：崇明岛、长兴岛、横沙岛。

8.崇明岛是我国第几大岛？

答：是我国第三大岛。

9.上海的市花是什么？

答：白玉兰。

10.上海人将哪条河当作上海的母亲河？

答：黄浦江。

你都答对了吗？

致　谢

《看漫画就能学》系列绘本中的《建筑小学堂》终于问世了！很高兴能用科普的方式为小朋友们、大朋友们讲述自己对建筑教育、建筑科普和设计方法学的理解。

首先我要特别感谢和我共同开创《看漫画就能学》系列的杨芯昱，在创意科普与本书的设计等方面，她给予了我许多无私的帮助。

我也要感谢北京工业大学建筑与城市规划学院的院长助理胡斌老师，作为一级注册建筑师的胡老师，从专业的角度，为本册绘本提供了很多修改意见。

我还要感谢北京工业大学建筑与城市规划学院的古建筑专家张昕老师，从绘本萌生想法到系列书的出版，再到最终的审稿阶段，他为我提供了很多思路和建议。无论是学术方面还是和学生们的交流上，张老师都是一位值得尊敬的好老师。

在本书付梓之前，很多我的同学、本科阶段的老师给我们提了诸多宝贵的建议，使我们这套科普书籍的呈现变得更加严谨、完善，这也督促我们在今后《看漫画就能学》系列绘本的出版过程中，以更高标准来进行创作——“做生动有趣的绘本，做高质量的科普教育”，要用最直观易读的方式讲述最专业的知识。

另外，我还要特别感谢科学普及出版社的编辑们，他们在书籍的出版方面为我们提供了很多专业意见，这对我当下及今后的学习、工作都有着深远的指导意义。

感谢各位小读者对本书的支持与喜爱，敬请期待《看漫画就能学》系列绘本后续作品的出版与宣传！

番外篇：春节的故事

——春节的习俗

春节是中国非常重要的传统节日，同时，春节也意味着春天即将来临。春节的时间为农历正月初一，已经有了三四千年的历史。让我们一起来了解一下春节有哪些习俗吧！

春节的习俗还有很多，比如剪窗花、拜年、守岁等。小朋友们，明年春节，不妨动手剪一次窗花吧！